活成自己喜欢的样子

为迷茫、困惑、
在喧嚣生活中迷失自我的你指点迷津

苏琴——著

台海出版社

图书在版编目（CIP）数据

活成自己喜欢的样子 / 苏琴著. -- 北京 : 台海出版社, 2020.7

ISBN 978-7-5168-2499-3

Ⅰ. ①活… Ⅱ. ①苏… Ⅲ. ①人生哲学—通俗读物 Ⅳ. ①B821-49

中国版本图书馆 CIP 数据核字（2019）第 270906 号

活成自己喜欢的样子

著　　者：苏　琴

出 版 人：蔡　旭　　　封面设计：米　乐
责任编辑：王　艳

出版发行：台海出版社
地　　址：北京市东城区景山东街 20 号　　邮政编码：100009
电　　话：010-64041652（发行，邮购）
传　　真：010-84045799（总编室）
网　　址：www.taimeng.org.cn/thcbs/default.htm
E - mail：thcbs@126.com

经　　销：全国各地新华书店
印　　刷：三河市人民印务有限公司
本书如有破损、缺页、装订错误，请与本社联系调换

开　　本：880 毫米×1230 毫米　　1/32
字　　数：200 千字　　印　　张：7
版　　次：2020 年 7 月第 1 版　　印　　次：2020 年 7 月第 1 次印刷
书　　号：ISBN 978-7-5168-2499-3

定　　价：42.00 元

目录 Contents

第一章

1. 我们成功地融入了群体，也彻底地葬送了自己

随波逐流是大多数人的通病。比如很多知识分子看到做生意赚钱，也跟着下海经商；公司职员看到炒股赚钱，也跟着借钱炒股；农民看到别人种大蒜卖了高价，也跟着一窝蜂种起大蒜。然而，这样真的正确吗？

我们都听说过“不合群”这个词，如果谁被大家议论为“不合群”，就等于说这个人存在某种缺陷，轻则为性格木讷古怪，不懂人情世故；重则可能是说这个人智商有问题、心理有疾病。总之“不合群”一词透出一种要开除此人“群籍”的味道。

因此，很多人为不被贴上“不合群”的标签，只好忍痛磨灭个性，削平棱角，隐藏感情，尽力扮演一个容易被众人接纳的“合群者”。正如马克·吐温所说：“跟世界上所有的人一样，我所暴露给众人的只是修剪过、洒过香水、精心美化过的公开意见，而把我私底下的意见谨慎小心地、

聪明地遮盖起来。”当一个人变成被人群接纳的人时，那个真实的自我早已消失不见，剩下的只是一个思想统一、步调一致的人而已。

在生物界，有一种奇怪的虫子，名字叫行列毛毛虫。顾名思义，这种毛毛虫喜欢列成队伍爬行。行走时，最前面的毛毛虫负责掌控方向，后面的毛毛虫只需要跟随队伍前行即可。为研究行列毛毛虫的盲从性，法国生物学家法布尔做了一个有趣的实验：

他把一群毛毛虫放在大花盆上，并诱导领头的毛毛虫围着花盆绕圈，这时其他的毛毛虫也跟随着领头的毛毛虫，首尾相连，围着花盆形成一个圈。

就这样，毛毛虫队伍一圈又一圈地围着花盆旋转，其中的任何一只毛毛虫既是队伍的头又是队伍的尾，它们都跟着自己前面的那只毛毛虫周而复始地爬。几天之后，这些毛毛虫被饿晕了，一只接着一只地从花盆的边沿跌落下来。

在这个实验中，行列毛毛虫们之所以围圈行走却始终找不到出路，就是因为它们失去了自己的判断力，使自己进入一个不断循环的怪圈之中。现实生活中，很多人的行为又何尝不是与这些毛毛虫相似。有不少人为迎合他人，使自己成为所谓的“合群”之人，他们开始磨灭自我个性，轻信所谓的权威人物，从来不敢发出自己内心真实的声音，最终使自己的人生一塌糊涂。相反，当一个群体在盲目前进时，那些敢于后退或步调不一致者，才是真正的智者。

米勒是法国著名现实主义画家。在未成名之前，他为混口饭吃，从偏远农村来到繁华的巴黎，开始画起当时最畅销的裸体画。

一天晚上，米勒在巴黎街头孤独地徘徊，在一个灯光明亮的橱窗前，米勒听到有两个年轻人正在议论一幅少女裸体画："这幅画太糟糕了，令人厌恶至极！"

这幅被批判的裸体画，正是米勒画的。在这个繁华而浮躁的城市，米勒除了画女人的裸体，其他什么也画不出来，这令他痛苦万分。

回到家里，米勒对妻子说："我决定从今以后再也不画裸体画，即使这种决定会令我们的生活更穷困。我厌倦了巴黎的城市生活，想回到农村，真正生活在农民中间。"

很快，米勒从巴黎移居到一个叫巴比松的村落。在这里，米勒用自制木炭画自己喜欢的素描。在最穷困时，米勒需要靠朋友的救济度日，而且他的作品经常会遭到资产阶级文人学士的攻击、诋毁。但他并没有动摇，依然坚持创作表现农民题材的作品，并创作了《播种者》《拾穗者》《扶锄的人》等代表性作品。由于巴比松村落风景优美，后来更多的画家聚集到此地，形成著名的巴比松画派。米勒成为巴比松画派的代表人物，并享有"农民画家"之美誉。

这位现实主义艺术大师在总结自己一生时说：“我生来就是一个农民，到死也是一个农民。我要用毕生的精力来描绘我所感受到的东西，而不是画时代流行的东西。”

伟大的艺术家米勒，明白自己不适合画裸像，就安安心心地做一位独具风格的“农民画家”。这种与众不同的选择，成就了世界级的艺术大师。

一个人如果能找到真实的自我，并一直坚持下去，最终往往会获得惊人的成就。其实，每个人的能力、兴趣各不相同，如果我们总是一味地跟随别人，反而会丧失判断是非对错的能力，最终在盲从的道路上耗死自己。

个性是一笔宝贵的财富，是生命的价值，更是创造力的源泉。在这个世界上，每一个有能力、有才华的人，都具有自己的独特之处。有一天，你若发现自己是众人眼中格格不入的“不合群”之人，请不要惊慌，更不要悲哀，这或许证明你的灵魂没有在人群中消失，依然保留着本真的自我。而那些在人群中随波逐流的人，却成了丢失灵魂的行尸走肉，早已在人群中把自己迷失得无影无踪了。

2. 愿你眼里有光芒，最终活成自己想要的模样

如何不让岁月的刻刀改变我们的模样，如何找到真实的自己？这是我们所有人都要解决的大问题。人生苦短，难道你甘心让自己的理想还未绽放就枯萎吗？

人生在世，每个人都渴望风风光光，活出真我的风采。然而理想很丰满，现实很骨感，我们总是活着活着就迷茫了，活着活着就不知道自己是谁了。当初那个自信的自己在现实面前退缩了，对整个世界开始妥协，逐渐变得面目全非，连自己都不认识自己了。每天陷于苦闷之中，明明知道自己不应该这样，但每天的现状却又偏偏如此。内心自卑而空虚，面对自己喜欢的事业也不敢去追求，因为必须应对艰难的日常生活。有些人甚至沉浸于网络的虚幻和酒精的麻醉中，以此来刺激自己的神经，生命宝贵的时光就这样一天天被浪费了。

我们是否真正地为自己活过一回呢？每个人都有必要问问自己。如果死神站在你面前，你是否可以拍着胸脯说，这辈子我活得值了，没有任何遗憾？相信很多人都会手足

无措。是的，我们这辈子活给世界看，活给别人看，唯独忘记了自己，甚至根本不知道我们自己是谁。

曾有一个《我不知道我是谁》的寓言故事。故事的主人翁是一只名叫达利的兔子，达利正处于自我认知的困惑期，它不知道自己是谁。

达利问自己："我是一只猴子吗？可是我没有长长的尾巴。我是一头无尾熊吗？可我也没那么难看。也许我是一头豪猪？可豪猪长满了刺！"

达利甚至不知道自己该住在哪里。它走进山洞，里边又冷又黑。它爬上鸟窝，可它刚躺下，却感觉这里太窄，腿脚都伸不直！达利看见松鼠在吃橡子，它决定自己也吃这种果实。

这时，专门吃兔子的黄鼠狼蹿出。黄鼠狼的牙齿像碎玻璃一样锋利，眼睛像跳蚤一样敏捷。达利向黄鼠狼打招呼："Hello，你是獾吗？你是大象？哦，我知道了，你一定是鸭嘴兽！"黄鼠狼说："哦，不，我是一只黄鼠狼。"黄鼠狼？达利从没见过黄鼠狼，它继续问道："你喜欢吃包心菜吗？你吃小虫子吗？你一定最喜欢吃水果吧？"话音刚落，黄鼠狼来到达利的跟前，大声说："不，我吃兔子，你就是兔子！""啊，我，我是兔子？"黄鼠狼舔着嘴巴，朝达利猛扑过去，达利想都没想，闪电般转过身，用它那超级大脚使劲一踢，黄鼠狼飞上了天。其他兔子纷纷从洞里跑了出来，它们欢呼着拥抱它，高兴地喊起来："耶，英雄！英雄！达利，你是大英雄！"

"英雄？原来我是英雄，我还以为我是只兔子呢！"达利兴奋地说。

在这个世界上，兔子达利是很多人的写照。虽然他们活着，但从来不知道自己是谁，总是在不知不觉中去模仿别人，这是一种内心的迷失。现在社会上存在一种奇怪的现象，很多人喜欢以别人为参照，丧失了真实的自我。比如，当看到某种职业热门，自己也跟风而上，等做了却发现并不适合自己；当看到别人穿金戴银，也从来不考虑自己的经济条件是否允许，总是透支消费。生活中"东施效颦"的人比比皆是，他们在跟随别人的脚步中彷徨徘徊。

我是谁？这是一个古老的哲学话题，同时也是一个世界性的难题。在希腊德尔菲神庙门口，刻着一行古老的字，其内容是："认识你自己。"的确，一个人要想活出真实的自我，其首要任务就是认识自己。

哲学家卢梭说："上帝把你造出来后，就把那个属于你的特定的模子打碎了。"所以每个人都是独一无二的，不可能再有第二个你被造出来。在这个世界上，名声、财富或多或少总能求得一些，但是每个生命对这个世界的感受却是独特的，是其他任何人都无可替代的。在生命的范畴中，人类的第一哲学就是："我是一切的根源。"一个人只有活出真正的自己，才能活出人生的轻松与洒脱，才能活出生命的特色与滋味。

请不要用别人的影子来刻画自己的未来，不要用别人的“闪光点”来照耀自己的生命，更不要用别人的行为来框定自己的人生。这都是对自己的鄙视与不尊重。世界上不存在两个相同的“你”或“他”，所以你不是谁，谁也不是你。好好做自己，人生才美好。

3. 不要因为脚步太匆忙，而忘记了当初是为何出发

每个人都匆忙行走在拥挤的路上，我们总以为自己奔走的方向通往天堂，却逐渐靠近一扇通往地狱的门。真正的天堂，其实在另一个极少有人到达的地方。

纵观当今社会各行各业，每个人都很忙，忙着不停地奔波。然而，很多人由于行走得太过匆忙，却早已忘记了自己的初衷。黎巴嫩诗人纪伯伦说：“我们都走得太远，已经忘记了当初为什么出发。”在行走途中遇到美丽的风景或碰到某些难以跨越的障碍时，我们要么停止前行的脚步，要么改变行走的方向，从而离梦想越来越远。

我们为何要出发？又准备到哪里去？这不禁让我想起一则哲理故事：

一头母狮病故，狮王看着母狮的尸体心如刀绞，连续几天不吃不喝不睡。狮子大臣们安慰狮王说：“大王，既然狮后去了，那就让它入土为安吧！”狮王认为众臣说的有理，就为母狮举行隆重的葬礼，并建造了一座华贵的坟墓。母狮被安葬后，狮王每天都去它的墓地散步。狮王发现母狮的墓地荒芜冷清，就在坟墓旁种了许多鲜花。当鲜花开满墓地时，狮王感觉还缺少一些树，又令狮子们种了很多树。

很多年过去了，母狮墓地旁边鲜花娇艳欲滴，树木郁郁葱葱，狮子沉醉于美景之中。不过，狮王依然感觉这个地方还不够完美。在思索了片刻之后，狮王认为是坟墓破坏了这美好的景致。于是，狮王令众狮把母狮的坟墓迁到别处。如此一来，风景总算完美了。然而，狮王却忘记了自己当初美化这个地方的初衷。

其实，类似故事中狮王的错误，我们也经常会犯。比如，我们的人生主要由工作和生活两部分组成，而且工作的目的是为更好地生活。但很多人却为了工作而失去了生活，他们每天没早没晚地加班，甚至连节假日也不让自己休息，更没有足够的时间来陪家人。最终，他们也许赚到了足够多的钱，但并没有享受到天伦之乐的幸福。

一个人，无论他的梦想是什么，无论以什么方式去奋斗，但归根结底都离不开一日三餐，离不开亲情、友情、爱情，其最终目的也是让自己及所爱的人生活得更幸福、更美好。其实，很多时候幸福就在我们身边，我们完全可以用最快捷的方式抓住它。反之，如果我们为奋斗而奋斗，为忙碌而忙碌，在忙完之后，却发现自己所做的每一件事只不过是“无事忙”而已。

有一年轻人，休息日闲在家里无事。他看着家中一面空白的墙，心中琢磨道：“如果在这里挂一幅画，可以让家里更美一点。”于是，他找来一幅画，然后忙着找钉子、锤子。当把钉子敲进墙后，却发现钉子太小，根本挂不住这幅画。怎么办？于是，他决定往墙上加一个木楔子，然后就去找木头。找了半天，找到一块木头，但没有办法把它锯下来。为锯木头，他去邻居家借斧子。找到斧子后，又发现斧子劈出来的木头不规则，需要用锯。然后去更远的邻居家借锯。把锯借来后，发现锯条坏了，又开车去更远的地方买锯条。

就这样折腾了一整天，终于把需要的工具都凑齐了，对着一堆齐备的木匠活工具，这个年轻人已经不知道自己要干什么了，他早已忘了准备挂在墙上的那幅画。

我记得曾读过这样一句话：“愚者永远比智者更忙。”当时并不太理解这句话的意思。但随着人生阅历的不断丰富，发现中国的文字博大精深，所谓的“忙”字，不就是“心”的灭亡吗？当一个人的心迷失消亡了，他所做的一切也将失去原有的意义。

事实就是这样。很多时候，我们在不停地行走，我们在辛苦地奔波，我们在周而复始地忙碌，但却忘记了自己最初的追求是什么，忘记了自己最终应该去哪里。所以，很多人奋斗了一生，也忙碌了一世，却只是从“一无所有”变为“极端贫困”——因为行走的脚步太过匆忙，早已忘记自己当初为何而出发。

4. 你用尽全力讨所有人的喜欢，一定很累吧

一个再八面玲珑的人，也不可能让每个人都认为他是好的。因为每个人所处的利益角度不同，而且每个人对好的评价标准也不同。就像商场中的衣服，每件衣服都颜色各异、款式不同，它们的存在只是为那些欣赏并适合它们的人。

大千世界，人头攒动。虽然我们身处同一个世界，但每个人眼里的世界各异，而且众人的喜好也各不相同。所以，

我们无论做什么事，想让一个人高兴容易，想让两个人满意也不难。但是，如果你企图照顾到所有人的感受，让所有人对你满意，那绝对是一件不可能的事情，不然老祖宗也不会造出“众口难调”这个意味深长的词。所以，人活着不要妄图照顾所有人的感受，否则你自己将不会好受。

一日，有人问孔子：“听说某人住在某地，据说当地的邻里乡亲们都很喜欢他，你认为这个人怎么样呢？”

孔子答曰：“能够让所有人喜欢，这固然很难得，但这将注定他本人活得并不轻松好受。我认为，如果他能够做到让所有德操高尚的人喜欢，让所有道德低下的人讨厌，那他才是一个内心坦荡的真君子。”

不要试图讨好所有人，否则你就会失去自己的原则，做不了坦荡的人。毕竟，一个人要想照顾众人的感受，必然要牺牲自己内心真实的想法来迎合众人，这将会非常委屈自己的内心。

你希望自己能够和身边的每一个人搞好关系，于是你花费大量的时间来讨好迎合他人。但最终结果却是，那些不欣赏你的人依然对你冷眼相待，而你自己也因为做了违心的事，丧失了好心情。所以，一个人如果能够做到在这个世界上有几个交心的好友，让身边大部分人欣赏，令少部分人讨厌，这样的人生将会很快乐，因为完美平衡了自我和群体之间的关系。

在林肯还不是总统时，有一次他召集6个幕僚一起开会。会议期间，林肯提出一个重大法案，但幕僚们的看法并不统一，于是7个人在会议桌上激烈争论起来。林肯在认真听取了他们6人的意见后，依然感觉自己的决策是最全面、最正确的。

最后决策时，6个幕僚还是坚决反对林肯提出的法案。但林肯却不为所动，而是毅然对他们说："虽然我的这个决定让你们心里不好受，虽然只有我一个人赞成这个决策，但我仍然宣布这个法案已经通过。"

从表面上看，林肯独断专行，不尊重他人的意见，更不在乎他人的感受。而实际上，林肯已经对他们的看法进行了全面的考虑分析，这6个人之所以同时反对林肯，一方面是因为他们思考问题的境界还不够高，另一方面则是因为他们大部分人都犯了人云亦云的错误，根本没有做到用智慧解决问题。此时，如果林肯感情用事，一味地照顾幕僚们的感受，将会做出错误决策，其后果不堪设想，甚至会大大损害公众利益。既然如此，林肯就只能力排众议，始终坚持正确的观点。

环顾四周将不难发现，每个人的身边都存在大量对自己不满意的人。你想顾及每一个人的感受，你想让身边的每一个人都高兴，那几乎是不可能的事情。如果关注一下西方国家的投票选举活动，你将会明白，即使那些选举获胜的人，依然还会有40%以上的人反对他们，他们不可能让所有人都对自己举双手赞成。同样，对于芸芸众生的我们来说，更无法做到顾及身边所有人的感受。无论你说什么或者做什么，总会有人站起来反对，这实在是一件再正常不过的事情了。

所以，一个人活在世上，不要妄图照顾所有人的感受，只要你能够做到让自己好受，让那些在乎你、理解你、支持你的人好受，就已经足够了。

5. 一定要成为一个独立勇敢、坚强温暖的人啊

想过好人生，就一定要学会独立。因为，一个人只有真正学会了独立生活、独立思考、独立承担，内心才会足够强大，才能够轻松自如地应对遇到的各种挫折与磨难。无论发生什么事情，都可以让自己活下去，并且好好地、淡定地活着。

这是一个特立独行的时代，每个人都在追求独立，厌恶被他人控制、束缚。可以说，独立已经成为大家的共识。现在，如果我问："你感觉自己独立吗？"绝大多数人会认

为，自己是独立的。他们认为自己独立的理由是：“我靠自己的智慧赚钱，靠自己的劳动吃饭，我不依附于别人活着，自然我的生命就是独立的。”

独立，难道仅仅是指经济上的独立吗？如果你这么认为的话，那就大错特错了。其实，一个真正独立的人，不仅要在经济上独立，更要在心智、思想上独立。概括来说，真正的独立者必须符合以下考核标准：经济上独立，心智上健全；做事独立自主，行动自由；足够自信，有自己的处世准则；有自己的信念追求，有独立成熟的思想，不人云亦云、不随波逐流；自律、自省。如果你达到了以上标准，你就是一个不折不扣的独立者。

说起独立，不禁想起一个幽默的故事：

苏州有一呆子，已年满30岁，还靠父母养活。在呆子的父亲50岁那年，遇到一个算命先生，算命先生推算出呆子父亲的寿命为80岁，呆子的寿命为62岁。也就是说，在父亲去世后，呆子需要独自活在世上两年。听到算命先生的话，呆子哭着说：“我父亲80岁的时候，我才60岁，剩下的那两年，我靠谁来养活呢？”

乍听起来，此故事幽默诙谐。可静心思考，却发现这并不是一个令人一笑了之的轻松故事，它深刻反映了某些年轻人难以独立的心理缺陷。

比如，现在的“官二代”“富二代”，总是靠着有钱有势的爹妈生活。他们不仅在经济上不独立，过着饭来张口、衣来伸手的生活，而且在精神上也无法做到独立，他们甚至没有自己独立的人生观、价值观。凡事都亮出“我爹是××”的招牌，并仗着父母的光环唯我独尊、胡作非为。

从某种程度上来说，一个人要想独立，要想过有灵性的生活，首先要做到与他人、与热闹的圈子保持一定的距离。波斯诗人萨迪说：“从此以后，我们告别了人群，选择了独处之路，因为安全属于独处的人。”只有这样，我们才有足够的时间、空间来思考问题，才能够形成自己独立成熟的思想。反之，如果一个人时刻混迹群体之中，每天热闹非凡，固然心情愉悦，但自己的行为、思想很容易受周围人的影响。时间一久，就逐渐丧失了独立思考、判断是非的能力。

在漫长的生命历程中，我们会遇到各式各样的人，有的人是你爱的，也有的人是爱你的。但无论是你爱的人还是爱你的人，他们只能陪我们走完生命中的某段时光，剩下的路程需要自己行走。为使自己独自行走的岁月痛苦少一点，我们必须要学会独立。

有一位老人与一个年轻人同时在沙漠中种胡杨树，当把树苗种上之后，年轻人总隔三岔五地给树浇水，而老人看树苗成活后就很少来。即使偶尔来一次，老人也从来不浇水，只是把那些被风刮倒的树苗扶一扶。

转眼，几年时间过去了。有一次，沙漠中刮起了严重的沙尘，年轻人发现自己种的胡杨树全被大风刮倒了，有的甚至连根拔起。而老人所种的树，只是被吹断了一些无关紧要的枝叶而已。年轻人很诧异，问老人原因。老人答道："你经常给树浇水，它们的根就不会往泥土深处扎。而我在树苗成活后就不再浇水，逼得它们不得不把自己的根扎到地下。树的根如此之深，怎么可能轻易被风刮倒呢？"

其实，人的一生，就像生长在沙漠中的胡杨树，只有经历沧桑，才能学会坚强。当有一天，你所依靠的人突然离你而去，此时你不仅失去了快乐，而且失去了精神支柱，让自己在软弱中死亡。正如易卜生说："世界上最坚强的人，就是独立的人。"所以说，做人最重要的是独立。

6. 人生苦短，用不着向别人证明什么

要想把自己的人生活得更出色、更精彩，就要做一个不解释、不证明的人。为理解你的人而活，对于那些不理解你的人，不必负责、不必解释。一切的一切，时间自会给予公平的结论。

人生就是一场旅行，每个人都是时光的过客，正所谓“天地者万物之逆旅，光阴者百代之过客”。生命短暂无常，只有死亡才是真实的归宿和家园。所以，当我们活着的时候就要加倍珍惜，要活出自己的精彩。

每个人都是自己生命的主角，别人无论多重要，都将是匆匆过客。既然他人即过客，我们只需要活出本色，没必要对每一个过客负责，更不需要向他人证明什么、解释什么。

有人或许会问，如果“在自己的生命中让他人当主角”会有什么后果呢？

下面让我们看一则故事：托比从雅典去叙拉古游学，在经过卡塔尼山时，他发现山上有一只老虎。进城后，托比把自己在山上遇到老虎的事讲给人听，但是没有一个城里人相信他，因为从来没有人在卡塔尼山见过老虎。

为证明自己没撒谎，托比说：“我就带你们上山去看看，当你们亲眼见到老虎，就应该相信我了吧。”于是，柏拉图的几个学生跟托比一起上山，任凭他们找遍山上的每一个角落，却连老虎的毫毛都没看到。托比对天发誓：“我确实在这棵树下见到了老虎。”跟他一同山上的人说：“也许当时你的眼睛被魔鬼迷惑了。你以后就不要再说见到老虎的事了，不然城里的人都会说，叙拉古来了一个撒谎者。”“我怎么会是撒谎者呢？我的确见到过老虎。”

在接下来的日子里，托比为证明自己看见老虎的事实，他逢人就说："我没有撒谎，我确实看见老虎了。"最后人们不仅见他就躲，而且背后都叫他疯子。

托比来叙拉古的目的，是想让自己成为一个有学问的人，现在却成为众人眼中的撒谎者和疯子，这实在让他无法接受。为证明自己确实见到了老虎，托比到达叙拉古第十天，买了一支枪，独自一人来到卡塔尼山。他一定要找到那只老虎，亲手把老虎打死，然后向全城人证明自己没撒谎。

可是，托比这一去就再也没回来。三天之后，有人在山上发现一堆破碎的衣服和一只脚。经验证，此人就是托比，而这只把托比吃掉的老虎，其体重在400斤以上。

这则故事让世人明白一个道理，世界上的很多不幸，都是在向他人证明自己的过程中发生的。很多人为了向别人证明自己不顾一切，最终不仅把自己搞得狼狈不堪，甚至陷入生死险境。其实，这些急于证明自己的人，正是在寻找那只吃掉自己的老虎。他们时刻关心自己的声誉，为别人的看法、眼光所困扰。可以说，他们对别人十分负责却因此丧失了自我，对自己的生命没有尽到责任。

人活在世上，难免要承担各种责任。小到赡养父母、教育子女、忠于配偶，大到忠于祖国、忠于社会。不过，我们除了要对他人负责之外，更重要的是要对自己的人生负责。要知道，每个人只有活一次的机会，如果你把这唯一一次的人生虚度了、荒废了，或者活着活着迷失了，那就是对自己生命的不负责。从某种意义上来说，其他的很多责任都可以分担或者转让，唯独对自己的责任，他人无法替代，只有你自己来独自承担。

著名画家梵高在世时，世人都称他是疯子、神经病。身边的朋友也都嘲笑他的“画家梦”，认为他是异想天开的白痴，并以各种手段捉弄他、侮辱他。但他并没有因为众人的不理解，放弃自己追求艺术的梦想。相反，他更执着于自己的创作风格，并用他手中的笔创作出独具个人特色的画作。他曾经留下誓言：“一百年后的人们，会认识到我的价值。”的确如此，如今梵高的画作流传世界，每一幅画作都流露出梵高独特的气质。

伟大艺术家尚不能被众人理解，更何况芸芸众生中的普通之人？当你不被周围的人理解时，是否放慢了前行的脚步？是否开始放弃对梦想的执着？其实，当你认定自己人生的方向后，只需要对自己的人生负责，不必对他人的看法负责，他们的理解不理解，与你有何干呢？

每个人的人生，都是四处透风的墙，承受着来自四面八方的嘲笑及挖苦。他人的点赞，只能给你增添几块看似华丽的补丁而已，并不能从根本上改变你衣衫褴褛的模样。而一个真正的勇者，会用自信来打造一套刀枪不入的盔甲，然后在属于自己的王国中做真正的英雄，岂会在乎他人是点赞还是拍砖！

第二章

你就是你，
颜色不一样的烟火

1. 不做下一个谁，只做第一个我

在“盗版”满天飞的当下，我们每个人都有支持“原创”、拒绝“盗版”的职责，从而使人生迈向成功的光明大道。我们需要始终提醒自己，你不是别人，只是你自己，是世界上独一无二的“原创作品”。

众所周知，“盗版”是一个引起公愤的词儿，即不法商家通过抄袭、模仿等卑劣手段制造出来的劣质产品。然而，在当今繁杂的社会，很多人为了“适应社会”，总是刻意模仿别人，并在模仿中逐渐迷失自己。正因如此，网络上曾经流行这么一句话：“每个人出生时都是原创的，但渐渐地很多人活成了盗版。”

哲学家说：“每个人就像一片叶子，有着自己独特的形态与脉络结构。”可是，总有一些不自信的人，他们抹平了自己的脉络，然后去模仿其他叶子的结构。然而，无论模仿者的技术多么高超，他都永远无法超越被模仿者。

最终的结果是，模仿者只能成为二流的别人，却成不了一流的自己。而那些善于突破，敢于尝试，大胆做自己的人，才能够成为“原版”独创的自己，散发着与世界不一样的光彩。

别人的风景终归是别人的，永远无法变成自己的风景。其最终结果是，你模仿我，我模仿你，仿来仿去，很多人就找不到自己了。

万事万物，各具特色，各有秉性，我们千万不要做踩着别人脚印前行的模仿者。在自己的人生里，别去描绘别人的风景，因为别人的风景中没有你的生命。反之，如果一个人一味地模仿别人，他的生命将是在重复他人的人生，不管如何努力，也终究无法走出他人的影子。正如画家李可染所说：“踩着前人的脚印前进，最佳结果也只能是亚军。”而只有坚持自己特色的人，才能够超越众人，成为令人瞩目的冠军。所以，聪明的人绝不会模仿别人，而是用心描绘自己人生的美好风景。

勒布朗·詹姆斯为著名篮球运动员。由于他天生具有出众的运动天赋，在刚进入联盟时，勒布朗·詹姆斯经常被人拿来跟乔丹作比较。每当谈论这个话题时，詹姆斯都会不高兴地说：“这些比较很好，我也为此受宠若惊，因为乔丹是我的英雄，也一直是我仰慕的人。但我就是我，希望这种比较会变成谁是下一个勒布朗·詹姆斯，而不是谁是下一个乔丹。”

“不做下一个谁，只做第一个我。”这是詹姆斯在为耐克代言时的经典广告语。乔布斯也曾说：“你的时间有限，请不要将时间浪费在重复他人的人生上，不要被教条束缚，否则你将被笼罩在他人思考的阴影之下。”可以说，这是做自己的最好宣言。

坚持“原创”的自己，这虽不能让你快速成名，但却能够让你坚守自己内心深处的“核”，不至于在模仿中迷失。

大海没有了自己汹涌澎湃的海浪，就失去了勇猛宏伟的气势；沙漠没有了漫天飞扬的沙尘，就失去了苍茫荒芜的特色；一个人没有了与众不同的个性，就失去了真正出色的机会。的确如此，即使你想成功，也只有坚持做自己才更容易做到。

一个人要想活出独一无二的自己，就要坚持做“原创”的自己。即使是小时代里平凡的一粒微尘，只要保存真实本色的个性，也一样比“盗版”的成功人士更具价值。

2. 我不惧怕成为一个“疯子”

活着，就要和这个世界不一样。如果凡事都是跟随他人的步伐，与无数的众人做着相同的事情，那么你就如同一滴水消失在海洋中，无法在世界上留下任何曾经存在的痕迹。

我曾经读过这样一句话：“第一个说姑娘美如花的人是天才，第二个夸姑娘比花还漂亮的人是聪明人，而第三个称赞姑娘美得像花一样的人，是一个不折不扣的蠢人。”是的，第一个人之所以是天才，正是因为他敢于第一个吃螃蟹，不怕和这个世界不一样。

玩股票的人都明白这样一个道理，绝大多数人都在追涨，这个时候如果你也跟在别人屁股后面，那么血本无归、输得最惨的人往往就是你这个跟风者。所以，无论在工作中还是生活中，一个人要想有所作为，就要敢于使自己的思想、行为与这个世界不一样。有人会说：“真理掌握在众人的手中，所以跟着大家走不容易犯错。”而事实上，真理往往掌握在“特立独行者”的手中，只有那些善于创新、敢于和世界不一样的人，才能创造出与众不同的世界，最终成就一番伟大的事业。

乔布斯曾说：“向那些疯狂、特立独行、想法与众不同的家伙们致敬。或许他们在一些人看来是疯子，但却是我们眼中的天才。”是的，疯狂是因为他们拥有梦想，与众不同是因为他们的想法具有独特性。按照二八法则，80% 的人思维是趋于一致的，只有 20% 的人敢于标新立异，而且世界上的成功者也大都在这 20% 的人之中。

所以，如果我们想成为这 20% 成功者中的一员，那就要改变思维方式及做事风格，让自己成为与这个世界不一样的人。

在一次电视访谈节目中，有一个学生向万达集团董事长王健林提问：“如何才能成为首富？”面对这一问题，王健林笑着回答：成为首富有两个办法，其中最快的办法就是，把我财富的 90% 分给你，这样你立马就是首富。不过，这种方法不太现实。而第二个办法是，找到一个赚钱的行业和买卖，关键是你具有与别人不一样的办法。虽然这只是王健林风趣幽默的玩笑话，但其中却包含了他以“创新”为核心的经营理念以及他所追求的“就是和别人不一样”的行事风格。

无论在工作中，还是在生活中，王健林说得最多的一句话就是：“到了黄河也不死心，撞到南墙也不回头。”针对这句口头禅，他的解释是，到了黄河搭个桥就过去了，撞了南墙搭个梯子同样翻过去了。总之，办法总比困难多，这就看你能不能做到和别人不一样，是否善于用不同常规的思维来思考、解决问题。

在这个世界上，每个人都是独一无二的。只要你敢于凸显自己的特色，做到与世界不一样，那么你就能够尽快抵达梦想的成功之地，实现自己与众不同的人生价值。

有一首名为《倔强》的歌，其歌词中写道："当我和世界不一样/那就让我不一样/坚持对我来说/就是以刚克刚/我如果对自己妥协/如果对自己说谎/即使别人原谅/我也不能原谅/最美的愿望一定最疯狂/我就是我自己的神/在我活的地方……"的确，在这个世界上做人很难，做一个与世界不一样的人更难。既然无论如何都离不了一个"难"字，为什么不倔强到底，做一个与众不同的自己呢？

3. 你一定一定不要成为自己讨厌的模样

每个人在年少时，都曾经有过美好的梦想。但在现实面前，很多人为了谋生，开始向岁月妥协并缴械投降。就这样，我们成了现在的自己，变成了自己曾经讨厌的模样。

“不忘初心，方得始终”，究竟何为初心？所谓初心，即初始之心，做某件事情的最初原因，也就是为自己内心的愿望而活。

人心好静，而欲牵之。随着年龄的不断增长，却发现当繁华落尽，洗尽铅华时，我们忘记了昔日的初始之心。于是，越来越多的人感叹：初心拥有很容易，但坚持却太难。

“人生真是讽刺，我们竟然活着活着变成自己曾经讨厌的模样。”这是网络上极为流行的一句话。比如，当我们还是孩童时，老师问：“你们的理想是什么？”有人的理想是军人，有人的理想是医生，有人的理想是作家……

我记忆最深刻的是，自己当时的理想是做发明家，发明很多好玩的玩具。而有一个叫二胖的同学，他的理想则是当皇上，且发誓这辈子除皇上之外的其他职业一律不做。然而，若干年之后，几乎每一个人都做着与理想不相干的工作。比如，我的职业是每天对着电脑噼里啪啦地写字，与当初的发明家扯不上半毛钱的关系；而那个曾经发誓绝不做皇上之外职业的二胖，也注定成不了梦想中的自己。在岁月的不断流逝中，我们离梦想越来越远，甚至成为自己当初讨厌的样子。

人生的道路艰辛又漫长，但我们切不可让自己马不停蹄地奔跑，而应该走走停停，偶尔歇脚欣赏一下沿途的风景。反之，如果一个人跑得太快，到头来可能没有得到什么，反而弄丢了自己的初心，并被岁月改变成曾经讨厌的模样。我认识一位军人朋友小吴，当我与他探讨“被岁月改变模样”的话题时，他给我讲了一个自己经历的故事：

在我进军校的第一天，所有的新兵都被迫剃掉头发，穿同样的装束，遵循所有的规定。接下来的军训十分艰苦，但我们都咬牙硬挺着。

班长是一个简单粗暴的人，只要我们犯错，他就会拳打脚踢。其中，有位大个子新兵被打得泪流满面。他的理由是：“别怪我打了你们，等你们以后当了班长，照样会动手打新兵，我可是为你们好……”

一天夜里，小王说：“等我以后当了班长、排长，一定不打新兵，我要用语言来教育他们！”

“不打！”一个战友赞同说。

“不能打！”大个子战友附和说。

“无论如何也不应该打！”大家纷纷说。

宿舍里每个兄弟都怀着一个美好的愿望：以后做一个不动手打新兵的好班长。

几年之后，战友们都被分配到基层，过上了带兵当领导的日子。见到久别的战友，聊起带兵的事情。小王叹口气说：“带兵难呀！”我问小王什么带兵方法最有效。他说：“简单粗暴的方法最有效。可是，你知道的，我不愿意这么做。”接着，小王讲起自己带兵的经历。

小王给手下班长们提前吩咐：不准动手打新兵。但班长们总是喜欢动手。在一次训练中，就在某班长巴掌将要落下时，小王拦住了。他对班长说：“别动手！”班长觉得自己的威信被挑战，对小王大声喊道：“你不懂，有时候就要动手。”小王坚定地说：“我说不能就不能。”结果，这场训练不欢而散。从那天之后，几个班长联手挤兑排长小王，说他不懂管理。新兵们怕被班长收拾，也都离小王远远的。

小王说：“每当看到班长打新兵，我总会想起自己当初许下的不打新兵的诺言。”对于小王的带兵经历，我没有做出任何评价，只是感觉有泪水在眼眶里打转。而坐在旁边的战友却说：“你是不是傻了？新兵就是要打，何况是班长动手，又不是你打。再说了，又不是打你，是打别人！”而说这句话的人，正是当年被打得稀里哗啦掉眼泪的大个子战友。

人生就这样，活着活着就忘记了曾经的初衷，渐渐活成自己讨厌的模样。我们年轻的时候，总认为自己的使命就是改变世界，然而可悲的是，随着岁月的流逝、年龄的增长，我们早已忘记了改变世界的梦想，不知不觉间被世界改变了，并且变成了自己曾经讨厌的模样。比如，当年那些誓不结婚的单身主义者，现在早已儿女绕膝；那些曾为坚守文学梦，而朝不保夕的文艺青年，早已投身到散发着铜臭味的商海之中……

当一个人的内心坍塌时，他就会有所依附、有所将就。渐渐的，我们就丢掉了初心，远离了真实的自己。难道人生是一场必输的赌局吗？难道我们就眼睁睁地被岁月改变成自己曾经讨厌的模样吗？其实，只要坚持初心，总有一天你会站在最明亮的地方，活成自己曾经渴望的模样。

4. 不做千篇一律，只做万里挑一

在这个讲究特色与个性的年代，墨守成规、千人一面者注定被埋没。而那些善于利用自己的闪光点吸引他人眼球的人，无论在穿着打扮上，还是在言行举止上，无不散发着与众不同的个人风格，从而使自己在芸芸众生中脱颖而出。

在现实中，我们经常会遇到这样的尴尬局面：你去参加朋友的聚会，突然来了一群陌生人，朋友介绍说，这是张三，这是李四，那是……就这样一个个面孔在你面前一闪而过。可只一会儿的工夫，你就分不清这些人谁是谁了，甚至会闹出张冠李戴的笑话来。

其实，遭遇这种尴尬境遇的不只是你，大有人在。苏联心理学家莱斯托夫认为，人对初次见面的陌生人的印象只会保留很短的时间。如果想让对方长时间记住你，就要善于巧妙地突出自己的个性特色，并让这些个性特征成为对方记忆的焦点，这就是心理学中的“莱斯托夫效应”。其核心观点为：相对于普通的事物，那些特殊事物更容易被牢记。而这所谓的特殊事物可能是一列单词、一组图像，也可能是一些事件或不同的面孔。

在学习世界地理时，很多国家的地理位置都很难记住，但对于那些在地图上呈现特殊形状的国家却记得相当清楚。比如，中国地图的形状像一只昂首挺胸的雄鸡；意大利地图的形状像一只高筒靴和皮球，等等。这种记忆法无形中就运用了“莱斯托夫效应”，即记住对方最突出的个性。下面让我们看一则民国学者胡适的案例：

民国著名学者胡适，经常去大学做演讲。有一次，胡适在演讲中引用了孔子、孟子、孙中山等人的观点，并在黑板上写道：“孔说”“孟说”“孙说”。

当胡适发表意见时，在座者皆哄堂大笑。原来他在黑板上写了“胡说”二字。

胡适给众人的印象是幽默、谦虚、随和，这便是他与众不同的自我标签，也是他留给大家的第一印象。第一印象的作用非常大，不仅会在对方心目中存留很长时间，而且会形成一种心理定式，让对方认为你就是这样一种人。

法国作家福楼拜说："风格就是生命。"俄国哲学家别林斯基说："风格是在思想和形式密切融合中按上自己的个性和精神独特性的印记。"在语言风格上，有人幽默风趣，有人语言朴实；在眼神与表情上，有人面带微笑，有人咄咄逼人；在服饰风格上，有人华贵高雅，有人简洁质朴。总之，每个人都有各自的风格，风格就是你自己。

很多人不清楚自己具有什么风格，甚至认为自己根本没有任何特色，其实这是一个人不自信的表现。要知道，每个人身上都具有一种独属于你自己的气质与特色。只要你善于发现，并加以利用，就能够呈现出自己的与众不同。说到这一点，历史上有一段趣事：

东晋的郗鉴官拜太傅，是一位很有实力的政治人物。他的女儿到了待嫁年龄，太傅便考虑给女儿挑选一个佳婿。那时的人特别看重门第，并讲究门当户对。而在当时，就属王导的势力最大，子弟众多，郗鉴决定在王家子弟中挑选女婿。

于是，郗鉴修书一封，让弟子送给丞相王导，表明自己有女长成，希望能和王家结亲。

在当时，官员之间的儿女成亲是很经常的事情，所以王导也非常希望能够和郗家结亲。但是，王家的子弟众多，王导不知道挑选哪位才能使郗家满意，索性就大方一些，让郗家自己来挑女婿。于是他也修书一封，派人送到郗家，他在信中写道："王家和郗家成亲，这是一件美事。但是老夫眼拙，女婿的事，要请足下亲自挑选。年轻人都在东厢，如果看中了哪位，他就是郗家要选的女婿。"

次日，郗鉴就派管家去王家的东厢挑选。王家子弟听说郗家挑选女婿的事情之后，都希望自己能被选中，每个人都穿戴整齐，等候在那里。这些年轻子弟们个个相貌出众、谈吐文雅，但美中不足的是他们都过于矜持。只有一个人，他若无其事地躺在东床上，露着肚皮在吃东西，似乎对郗家选女婿的事并不关心。

回去后，管家将自己看到的一切回报给郗鉴。郗鉴听后，对其他人并不在意，唯独对那个躺在床上吃东西的人颇有好感。最后，郗鉴亲自去了王家，宣布："此年轻人正是我所要的女婿。"于是把女儿嫁给了他。此人正是著名书法家王羲之。

王羲之能够从王家的众子弟中脱颖而出，成为郗鉴的东床快婿，并不是因为他的容貌或者才华，而是他特立独行、别具一格的表现。这个故事也更好地印证了"莱斯托夫效应"，即最为特殊的事物，最容易给人留下深刻印象，并容易令人记住。

大凡成功者，他们都具有自己独特的个人魅力，而这种魅力正源于一个人标新立异的个性。

5. 要有与梦想死磕到底的决心

无论是动物、植物，还是人类，要想成功地生存下来，都要掌握一套适合自己的生存方法，并懂得如何最大限度地保护自己、趋利避害。否则的话，早就被自然界淘汰掉了。为了让自己更好地生活，更好地完成造物主赋予的使命，我们有必要打造做自己的资本。

人人都想成为独一无二的自己，做某个领域的佼佼者。然而，并不是每个人都能够真正做到。因为除了愿望之外，我们还需要拥有相应的资本。做自己想做的事，需要你打造自己的资本。一个人只要具备了做自己的资本，无论从事哪一行业，也不管处于什么地位，总能演绎出不平凡的角色，成就最好的自己。

有人可能会说，我不是成功者的料，身上也不具备成功者的气质与精神。其实，世界上没有哪个人生下来就注定是成功的，每一个成功者的气质和精神，都是经过后天培养而逐渐获得的。那么，一个人要想成功做自己，究竟需要具备哪些资本呢？概括来说，需要以下三大资本：拥有一技之长，保证自己有足够的实力脱颖而出；拥有强大的自信心，敢于在众人面前展示自己的与众不同；具有坚忍不拔的毅力，敢于与梦想死磕。

记得曾读过这样一个故事：战国时期，赵国有一位叫公孙龙的名士，门下汇聚很多具有特殊技能的弟子。公孙龙与他人交往相处的观点是：一个真正聪明的人，绝不会只结交与自己相似的人，而要善于接纳具有不同特长的人。

有一天，一个衣衫褴褛的人拜见公孙龙，并毛遂自荐说："我有一种特别本领。"公孙龙问："你有什么本领？"那人说："我声音很大，善于叫喊。"公孙龙听后，转身问其他弟子："你们有谁善于叫喊？"结果没一个人回答。于是，公孙龙收这个人做了弟子。

几天后，公孙龙与弟子一起外出游玩。他们来到河边，发现河很宽，而可以渡河的船却在河的另一头，所有人都不知道如何是好。这时，公孙龙想起自己刚收下的弟子，就转身对此人说："你大声叫对面的船夫，让他把船划到我们这里来。"那个善于喊叫的人觉得展示自己才能的机会终于到了，于是大声向对面喊道："喂，船夫，把船划过来，我们要过河。"此人话音刚落，对面的船夫就向他们的方向划来。

或许你不够英俊，或许你不够聪明，但你必须要有自己的一技之长。"适者生存"是自然界的生存法则。比如，鹿善于逃跑，以逃脱猎人的追击；蝴蝶、变色龙等善于色彩伪装，使自己不被发现；壁虎善于取舍，在遇到危险时敢于果断断尾；乌龟、刺猬等善于防御，使敌人束手无策。同样，我们人类也是如此，一个人要想不被社会淘汰，并活得有声有色，就要具有他人所不具有的一技之长，使自己成为那个无法被替代的人。

小泽征尔是世界著名音乐指挥家。一次，他去欧洲参加世界优秀指挥家大赛，在前三名的决赛中，他被安排在最后一个，评委交给他一张乐谱，让他按照乐谱进行指挥。小泽征尔以世界一流指挥家的风范，挥动着他手中的指挥棒，演奏出国际水平的优美乐章。就在小泽征尔指挥正起劲时，他发现乐曲中出现了不和谐音符。开始时，他认为是演奏者演奏错了，就指挥乐队们重奏，但仍然感觉不对劲。最后，他确定是乐谱出了问题。当小泽征尔对乐谱提出质疑时，作曲家及权威评委都声明乐谱本身没有问题。小泽征尔果断干脆地反驳道："不，绝对是乐谱错了！"他话音刚落，席上评委们都站起来，以热烈掌声祝贺他夺魁。

原来，这是评委们别有用心的"圈套"，以检验指挥家是否具有在权威面前坚持自己的信心与勇气。前面两位指挥家虽然也对乐谱提出质疑，但最终却屈服于权威，而小泽征尔却因对自己的判断充满自信，最终成功获得世界指挥家的称号。

自信是成功的第一秘诀。所谓自信，是指一个人对自己的感性评估，即对自身力量及能力的确信，深信自己一定能够做成某件事，并实现自己所追求的目标。

居里夫人说：“我们应该有恒心，尤其要有自信！我们要相信自己的天赋是用来做某种事情的，无论付出的代价多大，这种事情必须做到。”所以，居里夫人成功了。然而在现实中，很多思维敏锐、才能出众的人，并未能充分地发挥自我特长。这并不是因为他们能力不行，而是因为他们缺少自信。所以，一个人要想成功，不仅需要具有出众的才干，更需要足够的自信心。这是我们做自己的重要资本。

成功做自己，还需要你具备与梦想死磕的决心与耐心。成功虽不是一蹴而就，但也并不是永无终点。其关键就在于，一个人是否能够坚持到底。

6. 你必须不可替代，才有资格活得任性

一个人要想活得与众不同，就一定要明白，人的价值与付出的劳动量无关，而和他自身的“不可替代性”有关。当一个人的不可替代性越高，他的重要性就越大，那

么他的社会地位就越高，其创造的价值也就越高。

世界上的很多事物都是独一无二的，每一种事物都有它自己的专属。比如茶，每种茶都有属于它的季节——花茶属于春天，绿茶属于夏天，青茶属于秋天，红茶属于冬天。再比如蚂蚁，在庞大的蚂蚁团队中，总有几只蚂蚁举足轻重、无可替代。

在成群结队的蚂蚁中，绝大多数的蚂蚁都非常勤劳，它们不是在搬运食物，就是在寻找食物的路上。然而，在众多蚂蚁中有为数极少的几只蚂蚁，它们总是在左顾右盼，根本不具有其他蚂蚁们吃苦耐劳的精神。

为什么这些懒惰的蚂蚁能够在蚁族中生存呢？为弄明白这个问题，生物学家做了这样一个实验：研究者在懒蚂蚁的身上做了标记，切断了蚂蚁们所有的食物来源，并且还毁掉了蚂蚁们的居所，然后观察结果。

随后，意想不到的事情发生了。生物学家发现，面对突如其来的问题，那些勤劳的蚂蚁们束手无策、不知所措，而那些懒惰的蚂蚁则挺身而出，它们带领众蚂蚁向早已侦查好的食物源前进。当生物学家将这些身上做有标记的懒蚂蚁拿走，剩下的蚂蚁们手忙脚乱，不知道自己要干什么，直到将懒蚂蚁放回队伍中，整个蚁群才恢复原本忙碌有序的工作状态。

通过这个实验，生物学家得出的结论是：懒蚂蚁虽然不出力劳作，但它们却具有不可替代的地位。它们不慌不忙，机智应对，用智谋使整个蚁群安全脱险。

每当说到“无可替代”，我们听到最多的话就是“努力、努力、再努力”。在提升自我的过程中，努力固然重要，但我们却要推翻“努力万能论”的谎言，关键在于能否发现自己在某个领域的“相对优势”，爆发自己的小宇宙，充分施展自己的能量。

美国有一位工程师，他每次维修机器的出场费高达 1 万美元。有一次，他被邀请到某个工厂维修机器，他敲敲这儿，摸摸那儿，最后在机器的某个部位画了一条直线，然后对维修工人说：“问题就在这里。”工人按照工程师的吩咐，将那个部位的零件拆卸下来，一会儿的工夫，机器就恢复了正常运转。随后，厂里如约付给他 1 万美元。工人们看到后满心都是羡慕嫉妒恨，酸酸地说：“你这条线可真够贵呀，只需要简单的一笔，1 万美元就到手了。”工程师笑道：“这条线的价值只是 1 美元而已，而知道把线画在哪里，其价值是 9999 美元。”知道把线画在哪里，这正是工程师与众不同的地方，同时也是他不可被替代的根本所在。

要想任性地活出自己，我们需要打造自己的不可替代性。这里所说的不可替代，是指一个人的能力不可替代，而不是指某个岗位的不可替代。可能有人会说：“我是保护军火的，我是银行押运钞票的，我的岗位非常重要，为什么我的收入却很低?”这种重要只能说明你工作的岗位重要，并不代表你本身重要。当你的位置换了张三、李四，照样也能够站岗放哨。反之，这种工作只有你一个人能胜任，其他人都做不了，那么你这个人就具有独一无二的价值，你本身也就具有了不可替代的重要性。

某银行柜台工作人员，她每天工作的时间不短，付出的辛劳也很多，但月收入却只有2000多元，还不如银行中推销理财产品的营销人员，与银行行长的收入更是没得比。为此，她想不通:“都是付出每天的时间来工作，凭什么我的收入远不如他们?”

你再看看摆摊的小商贩或站在高墙上做危险工作的建筑工人，他们每天起早贪黑，但每天的收入也只能解决基本的温饱问题而已。为什么会出现这种情况?因为在马路上的100个人中，有80%的人能够胜任小商贩或建筑工人的职位，他们具有极大的可替代性，自然收入也颇低。可是，在马路上的100个人中，有几个人能够胜任建筑工程师的职位?所以，工程师每天只需拿着图纸在工地上晃悠几圈，指指点点，每个月的工资却是建筑工人的4~5倍。为什么?因为工程师有知识、懂技术，自然可替代性就低。再比如银行行长，也许在1000个人甚至10000个人中才能找到一个能够替代他的人，说明他的可替代性更低，自然报酬就更高。

第三章

一定要相信，你会成为最想成为的人

1. 千万不要只活在别人的期待中

我们很容易将他人的期待当成自己内心的愿望，并将过多的精力浪费在满足他人的期待上。所以，一个人要想守住“本我”，就不要太在乎他人，无论世俗的风如何吹，都一定要跟随内心的声音行走。

每一个人的成长，都背负着无数人的期待。读书时，父母期待你读某所学校，学某个专业，于是你选择了父母所期待的学校和专业；走入社会，站在不同角度的亲人、朋友、同事对你有着不同的期待，你也需要一一满足。也正是在这诸多的期待中，你失去了曾经勇往直前的勇气，开始变得胆怯、茫然、不知所措。

其实，真正令我们退缩的并不是失败的刺痛，而是他人的期待。活在众人的期待中，我们最担心的事情就是令身边的人失望。为满足众人的期待，我们开始在意他人的赞美及肯定，从而忽视了自己内心的声音。为追求那些被社会普遍认可的东西，我们耗费了太多的心力，并在满足他人的过程中迷失了自己。最终，我们将自己塑造成了那个看上去是“我”，而不是“真我”的人。

薛飞是北京某重点大学的研究生，按照他的兴趣爱好和专业方向来说，去教育机构做讲师比较适合。然而，最近几年教师的就业已接近饱和状态，他应聘了很多个培训机构都未被录取。实在找不到合适的工作，他只好选择去一家很小的私企打工。

有一次高中同学小张与他聊天，问道：“以你重点大学研究生的资历，如果去老家县城的中学教书，肯定会被器重。几年工作下来，完全可以成为学校里的教学骨干，甚至被提升为学校的管理层也很有可能。这样一来，无论是在待遇上，还是在社会地位上，都比现在的工作更有前途。”薛飞听后摇头说：“在小城市过安逸、舒适的生活，这是我梦寐以求的事情，但是开弓没有回头箭呀。想当年，我考上研究生的时候，父亲设宴款待全村的父老乡亲，他们亲自把我送到村头，希望我能够在北京扎根。现在我如果回老家县城教书，不光自己脸上没光，全家人的脸也挂不住。所以，为了父母对我的期待，我再苦再累都要留在北京。”

我们究竟要成为自己想成为的人，还是要成为别人期待自己成为的人？当我们在做选择的时候，总是被别人的期待或眼光左右，却忽视了自己内心真正的想法。甚至，我们把满足他人的期待当成了人生最大的快乐，为此我们放弃了自己期待的人生。而一个人要想活出真我的模样，过自己真正想要的生活，就不要一味在意别人的眼光和期待，而要学会用“心”来活，过自己内心所向往的日子。

在某次朋友聚会中，小李遇到一位金融专业的才女。她虽然学的是需要用理性分析的经济学，但却喜欢文学、编剧、诗歌等感性的东西。当时金融专业是热门专业，很多学中文、新闻等专业的人，都修了经济学和本专业的双学位，方便将来进入经济、金融行业，以获得更稳定、丰厚的收入。而这位才女一毕业，就去欧美国家深造，进修了被无数人不看好的编剧专业。当时，无论父母、老师，都劝她去找一份与专业有关的工作，比如去银行或金融公司上班，然后结婚生子，过一种稳定的生活。毕竟在大部分人眼中，编剧是一个朝不保夕甚至是“不务正业”的工作。当时不被看好的她，并没有因为不被理解而放弃，而是在自己喜欢的编剧行业刻苦钻研。现在的她不仅在编剧行业小有成就，并且成立了自己的文化公司，按照自己喜欢的方式愉快地生活着。

一个人只有按照内心期望的方式生活，才能感受到最深层次的快乐。然而，在众人的目光里，我们总是看不清自我的脸庞。法国精神分析学大师雅各 · 拉冈说：“现在你想得到的真的是你自己想要的吗？”我们大部分人的生活并不是自己真正的意愿，而是外界强加给我们的。如果一个人的躯壳中装的是真实的自我，他就会朝着自己期望的方向行走；反之，如果一个人的躯壳中装的是虚假的自我，他就会把别人的期待当作人生的重心。

一个真实的自我包括多个组成元素，比如固有的感情、真实的个性、创作思维等。把真实自我发挥得淋漓尽致的人中，乔布斯可谓是典型。乔布斯就读的斯坦福大学是众人梦寐以求的学校，但是他在就读6个月之后，突然有了退学的想法，跟随自己的内心，乔布斯中途退学。在创业过程中，乔布斯失败多次，但他始终专注于自己真正喜欢的计算机行业，并创立了自己的苹果电脑公司。在斯坦福大学的毕业典礼上，乔布斯说：“不要为过别人那样的生活耗费自己的时间，不要试图实现别人设定的目标，那是陷阱，不要让别人的建议淹没自己的心声。最重要的是有足够的勇气跟着自己的心和直觉走。”

中国有句老话说：“活在世界上，你需要闭上眼睛捂住鼻子。”要知道，在这个世界上再没有什么比“真实的自我”更值得你倾注心血的了。

2. 愿你既有人疼爱，又坚强独立

为他人活还是为自己活，这是关乎命运的抉择。有的人总是打着为你好的幌子任意控制你的生活，剥夺你独立思考、独立处事的权利，可这真的就是对你好吗？别人为我们草拟剧本，是为了让我们少走弯路，而这却恰恰剥夺了我们摔倒的权利，也让我们失去了自我生存以及活着的意义。

有些人天生好命，人人羡慕。他们的一生总是顺风顺水，上学有人帮找好重点学校，上班有人帮安排工作，恋爱有人帮安排相亲，结婚父母包办一切……每件事都事先帮安排好了，只要照着做就好。就像演戏，编剧写好剧本，导演喊开始，你这个演员只要照着事先准备好的台词说就可以了。

羡慕归羡慕，但这种一眼看到尽头的人生你喜欢吗？你自己真的觉得幸福吗？一辈子波澜不惊，一辈子平平淡淡，从来不曾按照自己的意愿做过任何一件事，渐渐地在别人的剧本里迷失了自我，让自己活成别人想要的样子，而非自己想成为的样子。

事实上，这是一种人生悲剧。我们从小就被教育当乖孩子，听父母的话，按照父母给规划的未来去生活；大一些我们听老师的话，按照老师的教育考高分；后来我们工作了，听老板的话，按照老板的吩咐做事；再后来我们结婚了，家庭是我们的全部；有了孩子以后，孩子又变成了我们的全部。其中哪一天是我们自己想要的生活呢？

对演员来说，戏演错了可以重新开始，这个角色演完了还有那个角色。可是人生对于每个人来说只有一次，为什么不按照自己的想法来过活呢？那毕竟是你的人生啊！你有权利按照自己的想法来规划，而不是让别人替你拟好剧本。图省事，抑或是太懦弱，只会让自己后悔一生。

易卜生的话剧《玩偶之家》曾被比作“妇女解放运动的宣言书”。在这个宣言书里，娜拉终于觉悟到自己在家庭中的玩偶地位，她已看清，丈夫关心的只是他的地位和名誉，所谓“爱”“关心”，只是拿她当玩偶。于是她断然出走了，并向丈夫严正地宣称：“首先我是一个人，跟你一样的一个人——至少我要学做一个人。”她终于觉醒过来了，认识到自己婚前不过是父亲的玩偶，婚后不过是丈夫的玩偶，从来就没有独立的人格。现在，她离家出走，真正为自己的人生活一次。

娜拉只是一个例子，不仅在 19 世纪的资本主义国家里有这样的“玩偶”，我们的身边还有很多像娜拉一样的男男女女们被他人掌控着自己的命运，按照他人规划好的剧本上演着属于自己的人生，既矛盾又胆小，彷徨着迷失自我，找不到前进的方向。某一天为你规划未来的人不在了，或者他的剧本进行不下去了，你又该如何过活呢？一味地顺从、退让，只会把自己逼进绝境，让自己处于危险之中。

现在，撕掉别人为你写的剧本吧，你的人生由自己做主。生活没有剧本，生命中的每个意外、每段插曲、每次遭遇都是给你的考验，只有经受住了生命的考验，人生才能完美，活着才算精彩。

3. 你不是世界的中心，没有人会盯着你的一举一动

20 岁的时候，总会顾虑旁人对自己的看法；40 岁的时候，早已不理会别人对自己的想法；60 岁的时候，发现别人根本就没有注意过自己。

很多人总是一厢情愿地认为，自己的一举一动都在别人的注视之下，所以他们的人生无时无刻不在活给别人看。他们期待别人给他掌声，更怕别人的嘲笑。然而，果真如

此吗？

哲学家叔本华曾说："一切的真理，都需要经历这样三个阶段，才能够为世人接受。第一阶段，觉得可笑而不加理会；第二阶段，视为邪说而强烈抗拒；第三阶段，未加思索就欣然接受。"由此可见，人类接受真理的过程向来都不是一帆风顺的，它需要被怀疑、否定，在经历各种艰辛磨难之后才被众人接受。所以，一个人要想主宰自己的人生，做真正的自己，就不要太在乎他人的观点以及他人对自己的看法，而要学会在自己的想法与他人的观点之间做出准确的判断。反之，如果我们过于在意别人眼中的自己，那就只能活在他人的观念中，使自己做起事情来思前想后、畏畏缩缩，最终乱了方寸，丢了自己。

美国小说家马克·吐温在世时，有一位年轻作家初来纽约。马克·吐温请这位作家来家里吃饭，同时也请了诸多其他的朋友，且被邀请的朋友大都是当地的达官显贵。在宴会即将开始时，那位年轻作家情绪紧张，身体不由地发起抖来。马克·吐温关心地问道："你哪里不舒服，要不要去房间休息片刻？"年轻作家说："我怕得要死。在宴会开始时，这些赴宴的朋友肯定要让我发言，可是我实在不知道自己应该说些什么。一想到我将要在众人面前丢脸，我就感觉心神不宁。"见如此状况，马克·吐温安慰年轻作家说："我只想告诉你，你真不应该为此事如此惊慌失措，他们或许会请你发言，但这只是一种普通的交流而已，他们并不指望你发表什么惊天动地的言论。”

在这个世界上，几乎每个人都渴望拥有大显身手、一展才华的机会，然而一旦机会真的降临，他们又会因为过度紧张而惊慌失措、不知所云。其实，我们没必要太在意自己在他人眼中的模样，只管做好自己就足够了。要知道，我们周围的每一个人都很忙，他们为生活而忙、为前途而忙、为名利而忙，没有多余的精力来评论你的是非对错，更没有时间来观看你究竟是出丑还是出彩。

生活中，很多人因为太在意自己的感觉，总是把自己搞得神经兮兮。比如，有的人在走路时不小心摔了一跤，惹得过路人捧腹大笑。此时，摔跤者在疼痛之余，会认为全天下的人都看到了自己的丑相，真是太丢脸了。甚至很多天过去，摔跤者仍羞愧得不敢出门，总担心被某个路人看出自己就是那个曾经出丑的人。难道我们在他人心目中的分量真的如此之重吗？其实是我们太抬举自己了。如果能够换位思考一下就会发现，我们只不过是别人眼中的路人甲或路人乙，你的某一次摔跤只不过是他们生活中一个极小的插曲而已，他们在一阵捧腹大笑之后，早已把这件事抛到九霄云外，更不会记得那个当众出丑的人就是你。只有当事人自己仍在那里耿耿于怀，羞愧难当。

记得初中时读过契诃夫一篇名为《小公务员之死》的

短篇小说，小说中的主人翁切尔维亚科夫是一位十分敏感的人，因为在戏院中不小心打了个喷嚏，总感觉自己冒犯了坐在前排的卜里斯哈洛夫将军。切尔维亚科夫担心自己的行为会引起将军的不满，然后开始用各种形式向将军道歉，在一次又一次的道歉中，卜里斯哈洛夫将军从原本的不在意直至最后的愤怒。此时，主人翁切尔维亚科夫越发猜疑将军对自己有不好的看法，极端地往坏处想，最终令自己在郁郁寡欢中一命呜呼。

很多人最大的弱点就是，太看重别人的看法和反应，并为此顾虑重重，将本来挺简单的事情复杂化。故事中主人翁切尔维亚科夫的行为，看起来也许过于极端，但在我们身边也不乏像他这样的人。很多时候，我们以为这个世界上有很多眼睛紧盯着自己不放，有很多人在对自己指手画脚。其实，并没有太多人在意你，只是你太在意自己的感觉而已。

在匆匆走过的人生中，你我都只是他人视线中不经意的风景，没有太多的出彩，也没有太多的出丑。更多的时候，别人对我们只是稍有印象或毫无印象而已。所以，我们不要去在意他人的眼光，更不要去听他们嘴中关于我们的好或者是坏。努力做好自己，成就自己，这样你反而更能吸引他们艳羡的目光。

4. 不管这个世界如何看你，做好自己就可以

我们最大的敌人不是别人，而是自己，要学着战胜自己，超越自己。别人的看法并不重要，重要的是你自己能不能肯定自己，给自己一个明确的目标。

“趁你还不需要翻来覆去考虑又考虑，趁你还不知道为什么叹气，趁你还没学会装模作样证明你自己，你想什么什么就是你……”这首《趁你还年轻》唱出了青春的好处，也告诉我们不要太在意别人的看法，那样只会束缚住你想飞的翅膀。别害怕，别回头，别让别人的看法挡住了你的光芒。趁你还年轻的时候，要闯出自己的一片天地。

纵观芸芸众生，有多少人因为顾虑别人的看法而毁掉了自己的人生。人活在世，艰难无比，因为只要你独特优秀，就会有人不信任你，会质疑你的行为、你的梦想、你的目标，会不断地打击你，让你站在阴霾之中。如果你缺乏主见，久而久之，自己也开始怀疑自己，直至放弃最初的梦想，变成平凡得不能再平凡的平庸之辈。

那么，如何对待别人的看法呢？

关于这个问题，唐代天台山隐僧寒山与拾得有一段玄妙的对谈：

寒山问："世间有人谤我、欺我、辱我、笑我、轻我、贱我、恶我、骗我，该如何处之？"

拾得答："只需忍他、让他、由他、避他、耐他、敬他、不要理他，再待几年，你且看他。"

别人如何对待你是他们的自由，但这些都与你的梦想无关。明代文学家冯梦龙在《警世通言》中写道："毁誉从来不可听，是非终久自分明。"我们有时候把荣辱看得很重要，被夸赞便信心倍增、昂首挺胸，开始骄傲自大；一旦被人否定了，便像霜打的茄子，灰心丧气，自暴自弃。这都是不成熟的表现。人应该面对一切褒贬都泰然处之，最后好坏自然见分晓，安心按自己的路走就好，做好自己最重要。

从心理学角度讲，过于在意别人评价的人，乐于当别人手中的提线木偶，任人摆弄。别人的言论操控他的喜怒哀乐，这是缺乏自信的表现，不敢去自我肯定，时刻需要他人的点评，看别人的脸色做事，这是很可悲的。人应该清楚自己的优缺点，不该因为别人的批评而妄自菲薄，也不应该因为别人的夸赞而盲目自大，对自己要有清醒的认识。

不管这个世界如何看你，你只需做最好的自己。下面让我们看一个真实的故事：

J. K. 罗琳成天不停地写呀写，有时为了省钱省电，她甚至待在咖啡馆里写上一天。就这样，第一本《哈利·波特》诞生了。然而，罗琳向出版社投稿的时候，却遭到了一次又一次的拒绝，没有谁对这本写给孩子的奇幻书感兴趣。可罗琳并不气馁，直到英国布鲁姆斯伯里出版社出版了第一本《哈利·波特》，创下了出版界的奇迹，引起了全世界的轰动。人们才看到了这位集离婚少妇、单亲妈妈、业余作家为一身的坚强女人，看到了她的成功。

罗琳成功了，可又有多少人知道，她成功的背后承担了多少否定与不认同？在她最艰难的时候，她告诉自己不要管别人的想法，坚持自己认为对的，坚持自己的梦想，一定就会成功。事实证明，她的坚持是对的。人一旦找到了自己的方向，认清了自己的前路就要勇往直前，不要害怕路上的荆棘险阻，只有这样才能到达理想的彼岸。

凡事不受外界干扰，富有主见，就算犯了错误、付出一些代价也是值得的，最起码我们独立完成了一件事。

当我们有了一些奇特的想法，做了一些别人没有尝试过的事情，要面对外界的异样目光和质疑时，如果没有坚定的意志和勇往直前的精神，无论如何是不会成功的。总之，不要过于在意别人对你的看法，不要让别人的身影挡住了你的光芒。做你自己，不要放弃追寻梦想，并学着坚强一点。总有一天，你可以大声对自己说我可以。

5. 没犯过错的人，怎么好意思谈人生

如果你不够成熟、不够稳重，说明你犯的错太少，吃的苦也太少；而一个人比你成熟得快，则说明他比你犯的错多，也比你吃的苦多，因此他比你成长得更快。所以，每个人都要给自己犯傻、犯错的机会，并允许自己任性地尝试自己喜欢的事情。

记得小时候，每当做一些出格的事情，就会有长辈跳出来教训说："你是不是傻了，竟然会犯这样的错误？"的确，人人都喜欢被赞美，所以每个人都希望自己做正确的事情，而不是总犯这样或那样的错误。其实，我们完全不必为犯错而担心，因为犯错是人生中不可避免的。如果你总是有意识地防止自己犯错，此刻你正在犯错。

关于犯错，英国著名作家莎士比亚说："最好的好人，都是犯过错误的过来人。一个人往往因为有一点小小的缺点，将来会变得更好。"另外，法国著名作家雨果也说："尽可能少犯错误，这是人的准则；不犯错误，那是天使的梦想。尘世上的一切都是免不了错误的，错误犹如一种

地心吸力。”

犯错是人生常态，即使你是一个完美主义者，即使你处处小心谨慎，也不能保证自己一辈子都不犯错。一个人刚出生来到世上时，大脑是一张白纸，单纯、天真，根本就不知道什么是对、什么是错。然后，我们在犯错、改错的过程中，逐渐成长、成熟起来。

在这里，我们不妨来看一则两兄弟成长的故事。

有两个兄弟，他们成长在加州一个幸福但并不算富有的家庭。他们的父亲是一位工程师，在一家与航天有关的私人公司工作，母亲是一位英语教师。父亲在一家公司工作了几十年，拥有稳定的收入、社会保险及各种福利，虽然工作辛苦，但却不像其他行业面临失业、降薪等压力。更重要的是，父亲很喜欢自己的工作，并能够从工作中获得无限乐趣。

这兄弟俩似乎都继承了父亲的某些特质，比如聪明好学，能够轻松学习数学、物理等学科。从职业方向上来看，工程师成了他们将来职业的模板，他们很适合像父亲一样做一个受人尊敬的工程师。

在就业时，哥哥杰夫子承父业，成了一名电气工程师。当时的电气工程师非常热门，杰夫过上了不错的生活。不过，在杰夫心中，既不讨厌自己的工作，也不喜欢自己的工作。工作只是谋生的手段，仅此而已。

弟弟丹没有按照父母的期待来选择职业。他虽然也获得了工程学学位，但讨厌工程师的工作。丹做事缺少常性，经常改变主意，而且不清楚自己的兴趣所在，这让父母甚是担忧。丹曾经幻想自己成为一名出色的厨师，对餐厅的流程运作非常着迷。但丹对美食本身不感兴趣。所以，在做厨师一段时间之后，丹决定换工作。此时，丹所拥有的是一个毫无用处的工程学学位以及无用的厨师工作经验。可以说，丹的人生是错上加错。

几年之后，电气行业萧条，做工程师的杰夫失业了。在拿到解雇通知书之后，杰夫对自己的职业进行反思。以曾经的错误为鉴，杰夫申请了法律学校，成了一名专利律师。在律师职业中，他利用自己原来的理科背景，并与创新领域密切结合，成了一名出色的律师。而弟弟丹，在经历了一系列的职业波折之后，终于找到自己的“综合模式”，成为一名像工程师一样思考的餐饮业管理者。

上述兄弟俩的职业经历告诉我们，人既不是神，也不是圣，在漫长的人生之旅中，每个人都会犯错。这犹如我们走路时总会遇到绊脚石一样，一个人被绊倒之后，会受伤、会疼痛，下次再从这里经过时，会想起曾经的痛，然后小心地绕过这块曾使自己跌倒的绊脚石。所以说，犯错是一种成长，一个人只有在犯错后才会修正，一个人只有在犯错后才会总结各种宝贵的经验。自古以来，因为犯错而促进社会进步的事例比比皆是。

人非圣贤，孰能无过？在人生的道路上，一个人犯错并不可怕，可怕的是一个人总是在逃避，不给自己犯错的机会。从某一程度上来说，一个人成就的大小，与他犯错误的次数密切相关。越成功的人，他经历的错误往往就会越多，他们改正错误的次数也会越多。而每一次改正错误的过程，正是他们提高及自我完善的过程。

6. 我们要努力改变世界，而不是被这个世界改变

这个世界的确浮躁纷乱，甚至有太多无形的牢笼将人们约束。但是人人心中都有一把钥匙，能够打开牢笼上的锁。每个人都期盼着能够功成名就，其中大部分人却在不经意间被这个世界主宰，他们忘记了心中的钥匙。

佛学认为："命由己造，相由心生，世间万物皆是化相。心不动，万物皆不动；心不变，万物皆不变。"人生在世，坚持心中所想，才得万般自在。现如今，快节奏的生活覆盖了整个世界，人们逐渐变得浮躁与不安，每天的新闻舆论将人们的心逐渐淹没，一点点的风吹草动就弄得

人心惶惶。人们被流言蜚语捆绑在一个阴森狭小的空间里，独留双耳，蒙蔽内心，整天因他人的言论一点一点将初心丢弃，最终成为行尸走肉一般的存在。

人非圣贤，孰能无过。每个人的成长都需经历千千万万的错误与失败，如果始终沉浸在他人的指指点点之中，将永远无法走出失败的泥潭。成功之路是崎岖不平的，途中充满他人的怀疑与否定，只有历尽磨难才能闯出自己的路。正如爱迪生所说：“伟大人物最明显的标志，就是他坚强的意志，不管环境变换到何种地步，它的初衷与希望仍不会有丝毫的改变，而终于克服困难，以达到预期的目的。”因此，不必讨好全世界，只需把对未来美好的憧憬存放于心中，无论世界如何纷乱，坚持做自己，不为他人而活着。

迈克出生在英国一个物理学之家，父母均是物理学界的知名学者。父母希望儿子将来能够成为物理学界的泰斗，于是在迈克很小的时候就向他灌输各种物理学知识。然而，令父母失望的是，小迈克对物理不感兴趣，反而对经商情有独钟。为学习经商，迈克每天夜里偷偷阅读商业及管理方面的书籍，到了如饥似渴的境地。

迈克的父母始终坚持自己的想法，成年后的迈克被他们安排在一所学校做物理老师。迈克自己心里清楚，物理老师绝不是自己的特长。迈克相信，凭借对经商的热爱以及对商业知识的掌握，足以使自己在商界做出一番成就。

几年后，迈克父母认为儿子在物理界获得成就的希望极其渺茫，于是放弃对迈克职业的要求，但也不给迈克提供任何从事商业的帮助。尽管如此，若干年后的迈克在商界积累了丰富经验，并最终成为英国屈指可数的地产大亨。当有人问迈克为什么能够在商界成功时，他说：“做人最重要的就是了解自己，并始终坚持做真正的自己，这就是我成功的根本所在。”

这个世界上，有人适合做总统，有人适合做医生，也有人适合做司机。如果适合做司机的人把做医生定为自己的人生目标，或者适合做医生的人把做总统定为自己的人生目标，那只会令自己受尽挫折，痛苦不堪。而迈克坚持的正是他擅长的，并没有因为父母的阻止而改变初衷，所以他最终能成为商界的佼佼者。

世界这么大，每个人只是这个世界的一小部分，不必杞人忧天，只需做好自己的本分，听从内心的声音，足矣。

300 多年前，英国有一位名不见经传的建筑设计师克里斯托·莱伊恩承担了温泽市市政府大厅的设计任务。这位年轻的设计师巧妙地设计了只用一根柱子支撑大厅天花板的方案。经过施工，市政大厅交付验收。然而，众多权威人士却认为这项方案太过危险，要求莱伊恩再多加几根柱子。

莱伊恩坚信自己的设计，列举相关事例据理力争，最后却惹恼了市政官员，险些被送上法庭。最后，他请施工工人煞有介事地在大厅里增加了四根柱子，不过这四根柱子并没有和天花板接触，其间留下的缝隙，300 年来都未曾有人察觉，而大厅的天花板也没有出现任何险情。直到 20 世纪 90 年代末，市政府在修缮大厅天花板时，才发现柱子与天花板之间的狭小缝隙，而且在中央柱子的顶端刻有一行字："自信和真理只需要一根柱子。"

即便周围都是反对之声，但是内心的声音才是最洪亮的。人们在追求真理的过程中，总是在他人的否定和怀疑中前行，世界纷乱，只有听从内心，才能成为自己的主宰。电影《重返 20 岁》中有一句台词："不要以后觉得可惜，不要老了以后后悔。"如果大半辈子都活在彷徨之中，想必暮年也会在悔恨中艰难度日。

我们每个人都是自己的领袖，别人的议论再多，也不及自己的一丝信念重要。一千个人眼中有一千个哈姆雷特，我们的存在并不是为了讨好任何人，更不是为了被这个世界支配。生活中的事大都是"你强我就弱，你弱我就强"。而大多数人的错误就在于，为这个世界改变了太多，最终被欺压成为弱者。无论何时何地，让我们牢记——时间有限，请为自己而活，世界的纷乱与你无关。

第四章

摒弃周围的喧嚣，听自己内心的声音

1. 我的人生允许指点，但谢绝指指点点

那些总是在你背后指指点点的人，一直行走在你的后面，根本跟不上你的步伐，更读不懂你内心真实的想法，他们又如何能够道明你该走的路呢？所以，请不要在乎那些在你背后说三道四、指指点点的人，你只管走好自己脚下的路就好，做自己真正想成为的那个自己。

每个人都在别人的指指点点中长大。韩寒说："在赛车之前，遇到的是不理解和嘲笑，现在我是七届总冠军。但我在游泳之前，遇到的是支持和吹捧，但我依然游不好。别人的眼光不重要，你把事情做成什么样子才重要。"

是的，我们需要别人的指点，但不需要别人的指指点点。"指点"与"指指点点"从字面上来看虽差别不大，但其意义却相去甚远。"指点"是指有经验的前辈对后辈的指导、提拔，属善意的帮助。而"指指点点"则指对他人的品头论足、指手画脚。古往今来，凡是追求进步的人，

都希望得到高人指点，但每个人都不希望有人在自己行走的道路上指指点点。

虽然很多人痛恨他人对自己指指点点，但却又不自觉地活在他人的目光中。在现实中，很多人生活在他人的目光中，走在别人嘴里的路上，因为别人的肯定或否定而或喜或悲。这样的人失去了自己抉择生活的权利，把自己的人生都交给了别人，注定找不到属于自己的路。

有多少家长望子成龙、望女成凤，拼命地给孩子规划自己想象中的理想轨迹。然而，这样的路途却未必是他们所期待的。有时候过分的期待和限制，反而引发孩子极度的逆反心理而造成悲剧。伟大的诗人纪伯伦曾在诗中写道：

你的孩子，其实并不是你的孩子，

他是生命对自身的渴望而生的子女。

他借你而来，却非因你而来。

他与你在一起，却不属于你。

你可以给他以爱，却不能给他以思想，

因为他有自己的思想。

……

不仅孩子，成人更是如此。每个人的思想都是不同的，要走的路自然不同。父母尚且不应左右孩子，我们有什么理由要活在别人的看法中呢？韩寒导演的电影《后会无期》中的台词说得非常好：“他人的嘴都道不明你该走的路，符合自己内心的愿望比活成他人想要的形状更重要。”韩寒正是以这样的心态走一条属于自己的路。

1999 年，正读高一的韩寒以《杯中窥人》一文获得首届全国新概念作文比赛一等奖，后因期末考试七科不及格而留级。2000 年，发表的首部小说《三重门》是反映上海初三学生生活的，一举成名。该书累计发行 200 万册，是中国近 20 年销量最大的文学作品之一。在留级后，再次挂科七门，并于 4 月 4 日在高一退学。退学前，在松江二中老师们面前，韩寒被问起：“你退学了，以后要拿什么养活自己?”“稿费啊!”韩寒说。他的回答引来一片笑声。2010 年，韩寒登上美国《时代周刊》封面。2014 年 7 月导演的《后会无期》在中国内地上映。如今，那些嘲笑韩寒的老师们想见他一面都难。

当年的叛逆少年终于长成了自己想要的样子，从万千质疑的目光中任性前行。他的人生从未有刻意的规划和经营，只是按照自己的想法去活。或许当初那一片笑声在别人看来是嘲笑或是不解，但在韩寒听来或许和窗外的风声没有什么两样。他始终坚持走自己的路，并且走得一路辉煌。

每个人都有迷茫的时刻，这时候需要静一静、想一想。我们可以适当地听取他人的意见，但不要一味地盲从。就像《没那么简单》中唱的一样：“感觉快乐就忙东忙西，感觉累了就放空自己，别人说的话随便听一听，自己做决定。”

其实，我们每个人的内心都在勾勒着未来与希望，都在描绘着一条独属自己的道路。如果我们对他人的目光或语言过于在意，反而会被他人牵着鼻子，越走离自己越远，越走离梦想越远。

每个人都是独一无二的存在，没有人能完全复制他人的生活，也不存在人生路上的导师。每个人都无法对另一个人的经历真正做到感同身受，所以，不要在意别人的说法，勇敢地活出真实的自我。记住，他人的嘴道不明你该走的路。

2. 即使被人嘲笑，也要咬紧牙关，勇敢前行

自信的人永远不怕别人的嘲笑。在勇者面前，嘲笑永远是虚弱无力的。也许，别人的嘲笑会让你感觉难受，甚至疼痛，但同时也让你更加全面地认识自己。

有人说，人生在世，无非是笑笑别人，被别人笑笑。这句话虽然未免偏激，但从另一个侧面，反映出在社会上

嘲笑无处不在。每个人都可能是嘲笑的施予者，也都可能是嘲笑的承受者。嘲笑是一种无形的东西，但它的力量却十分可怕。尤其是被别人嘲笑的时候，它向我们传递的信息是：别人瞧不起我！于是，在这种被瞧不起的煎熬与折磨中，很多人倒下，并最终毁掉了自己的人生。

在这里，我们不妨听一则“在嘲笑中死掉的鸭子”的寓言故事：

有一只小鸭，很长时间没有找到食物吃，十分饥饿，决定到湖里捕几条鱼吃。一条肥美的鱼在湖水中出现。这时，小鸭猛然扎进水中，它狼狈的样子令同伴们大笑不已。在湖边路过的人，看到这一场景，也嘲笑小鸭的丑态。

可怕的嘲笑声在耳边萦绕不散，小鸭感觉十分难堪。从此，它再也不敢去湖里觅食，身体渐渐变得虚弱起来。不久，这只被嘲笑的小鸭便死在满是鱼儿的湖中。

小鸭蠢得不可思议，但我们身边确实有很多人与这只小鸭相似。他们也曾经有自己的梦想，也曾经为自己的梦想奋斗过。然而，当他们在失败后遭受到别人的嘲笑与讽刺时，就开始退缩，并最终放弃梦想，成为一个碌碌无为的平庸者。

的确，嘲笑的声音无孔不入，它如魔鬼一般潜伏在我们身边，一旦发现我们失败了，便会发出令人恐慌之声。然而，对于那些勇敢而智慧的人来说，在成长的道路上，也免不了被嘲笑，但他们却能够从嘲笑中嗅到一种不同的味道。所以他们不仅没在嘲笑中倒下，反而从嘲笑中获得了力量，并最终令那些不可一世的嘲笑灰飞烟灭。

英国哲学家托马斯·布朗说：“当你嘲笑别人的缺陷时，却不知道这些缺陷也正在你的内心嘲笑着你自己。”是的，我们不难发现，那些总喜欢嘲笑别人的人，他们的一生往往毫无建树；反而是那些曾经被嘲笑的人，却顽强地绽放出自己绚丽的生命之花。

现实生活中，也许我们曾经用那些轻蔑、讽刺的话伤害过一颗颗真诚而炽热的心。然而，也正是这些有意或者无意的伤害，令很多看似不可能的事情奇迹般地发生了。古今中外，很多举世闻名的大人物，他们也曾经是在他人的嘲笑声中获得成功的。

达尼埃尔·谢赫特曼是以色列著名的科学家。由于谢赫特曼总喜欢用与众不同的眼光来审视世界上的一切，因此在生活和工作中总是与他人磕磕绊绊，甚至有人嘲笑他是个疯子。

1982 年，谢赫特曼在美国霍普金斯大学从事研究工作。有一日，他正在实验室里用电子显微镜观察铝锰合金，却意外发现了一种特殊的固体物质。谢赫特曼兴奋不已，并将此固体命名为“准晶体”。

谢赫特曼把自己的新发现告诉同事们，不但没有得到分享的喜悦，反而遭到同事的冷嘲热讽。因为，在传统理论中，固体物质只有两种存在形式，要么是晶体，要么是非晶体，根本不可能出现谢赫特曼所谓的“准晶体”。

谢赫特曼千方百计想让同事们接受“准晶体”存在的事实，但没有人听他解释。更令人意想不到的是，谢赫特曼竟然被要求离开霍普金斯大学的研究小组。

1984 年，谢赫特曼与其同事共同撰写了有关“准晶体”的论文。经过不懈努力，才在一家小刊物上发表了这篇文章。论文发表后，一些学术权威开始站出来质疑谢赫特曼的新发现，美国化学家莱纳斯·鲍林曾在新闻发布会上嘲讽道：“谢赫特曼是在胡言乱语，在这个世界上并不存在‘准晶体’，只有一些不靠谱的‘准科学家’。”甚至有不少大学教授把谢赫特曼当作反面教材来教育学生要尊重科学，不要做不学无术的“伪科学家”。

不过，时间是检验真理最有力的武器。谢赫特曼的“准晶体”理论在经受了将近 30 年的嘲笑后，终于得到全世界权威科学家的一致认可。谢赫特曼也因此成为 2011 年诺贝尔化学奖得主，一人独享 1000 万瑞典克朗（大约 146 万美元）的奖金。

当有人问及谢赫特曼当初被嘲笑、被否定的感受时，他淡然地说：“当我告诉人们，我发现了‘准晶体’的时候，所有人都嘲笑我。但我并不在意，我知道我是对的，他们是错的，时间终于证明了这一点。”

当有人向你泼冷水、嘲笑你、讽刺你时，请不要生气，不要反唇相讥，更不要沮丧、绝望，而要感谢他们。因为，正是由于他们的挑剔、提醒，才使你不断完善自己，从而产生直奔成功的动力。

3. 在喧嚣人海中，拥有清醒独立的灵魂

越有人批评越证明他们在关注你，你就越成为众人眼中的明星。你完全没必要把别人的批评当成自己人生的阻力，聪明人要将它当作人生前进的推手。

一位西方哲学家说：“人最容易迷失的地方不是莽莽丛林，而是喧嚣人海。”人人都会有自己的想法，差异不可避免，于是争执、批评也不可避免。在这种情况下，我们若是太在意别人的批评，而没有自己的主见，就很容易会迷失自己。就像是风中的落叶，追逐着每一阵风的方向，却找不到自己的位置。

下面这个故事里的主人公，就在众人的批评中迷失了自己。

有一个叫柯尔的年轻人，生在书画世家，家里的每个人都懂得绘画。柯尔也很想成为一个画家，不断为此努力着。

一天，柯尔画完一张画，请爸爸来看，爸爸看完说："哦，你的线条太僵硬了！"于是，柯尔按照爸爸的意见做了修改。这时候，妈妈又看到了柯尔的画，并对他说："孩子，太过飘忽的东西是没有人爱看的！"于是，柯尔又采纳了妈妈的意见，再次做了修改。可是，当哥哥看到柯尔的画作时，惊讶地说："上帝啊，这是什么？难道是一块木头吗？"无奈的柯尔，再一次按照哥哥的意见做出了修改。

最后，姐姐看了柯尔的画，露出一种不可思议的表情，说道："天哪，这简直是被染料弄脏的一张纸。"于是，柯尔彻底茫然了，怀疑自己是否应该在绘画领域努力下去。

这个故事里的柯尔，被来自他人的批评"吹"得晕头转向，完全没有了自己的主见。可以想象，如果继续这样下去，柯尔是很难成为一个画家的，因为每个画家都必须有自己的风格，特别是大师级别的画家，风格是其成为大师的关键因素。

人生道路上，对于别人的批评，我们要学会辩证地看。有哪些是需要参考和借鉴的，有哪些是需要果断说不的，一定要有自己的判断，对于不该听的，要学会当"聋人"。

关于如何对待批评，我们可以向余华先生学习。

余华是中国当代著名作家，关于他的赞美很多，但批评自然也不在少数。曾有记者问他："读者的批评你会关注吗？会不会影响心情？"余华这样回答："我会关注读者的批评，但不是现在，是以后。……我会认真看看读者的批评，那时候冷静的批评也会多起来。《兄弟》当年出版时，人人以骂《兄弟》为荣。其实《活着》和《许三观卖血记》出版时也有很大争议，只是那时的争议局限在文学界，那时也没有网络。《兄弟》出版的时候媒体关注文学了，也关注我了，而且有网络了，所以争议被放大。现在有微博了，争议更加放大。无论是赞扬还是批评，我都心存感激，没有他们的关注，我不会有今天。如果有一天没人关注我了（包括骂声），那就意味着我被遗忘了。"

其实，在现实生活中，面对各种"流言蜚语"，各种别人自以为的"真知灼见"，我们也要学会"装聋作哑"，特别是当我们认准了自己的人生目标时，千万不要去介意别人怎样评说，而是要义无反顾地为自己的目标坚持到底。

正所谓"谁人背后不说人，谁人背后无人说"，批评是别人的自由，听与不听则是自己的选择。一个人若是选择活在别人的唾沫里，注定是又累又痛苦，且最终难以成事。道理很简单，连自己的想法都没有了，又怎么能攻坚克难抵达目标呢？相反，一个人只有坚持自己的看法，才能抵达自己的目标，活出自己的人生。

4. 听过很多大道理，却依旧过不好这一生

我们在人生的道路上听了很多大道理，却发现，这所谓的“道理”不但不能为我们指点迷津，反而使我们在错误的道路上走得越来越远，最终迷失了自己。所以，一个人要想活出生命的精彩，就要敢于打破条条框框，即不被所谓的大道理误导。

翻看微信，看到朋友微信上写了这样一句话：“你每天睁开眼，你会选择做自己喜欢的事情，还是选择做应该做的事情？”仔细想了几秒钟，我感觉自己还是会选择应该做的事情。虽然每个人的内心都有一种随心所欲的想法，但是在各种条条框框及人生道理的约束限制下，我们每个人都习惯了按部就班的生活。难道这样就能生活得更好吗？

读书时，中学课本上有一篇文章叫《装在套子里的人》。如今自己长大了，开始有了独立的生活，这时才体会到生活的各种滋味。感觉自己甚至身边的很多人都是装

在套子里的人，不敢尝试新鲜事物，甚至不敢有自己的观点或看法。比如，我们小的时候，总是被父母安排读什么样的学校，吃什么食物，穿什么衣服。现在我们成人了，虽然有权利选择吃什么、穿什么，但却又被套入社会这个更大的套子里。虽然在行动上获得较多的自由，但我们的思想却受到多种限制，被太多的大道理和他人的经验之谈束缚，变得更加畏首畏尾。

曾有这样的情景：一根小小的柱子上，一截细细的链子竟然能牢牢地拴住一头千斤重的大象，而另一头小象却是用一条很粗的链子拴着。小象虽然被铁链控制了四肢，但它使出浑身的力量想挣脱链子的牵制，去获取不远处的食物。尽管小象的脚被链子磨破，流出了血，但它仍在不停地努力逃脱束缚。而那只堪称庞然大物的大象，挣脱链子是轻而易举的事情，但它却永远跨不出这一步。因为，在它还是小象的时候，驯象人就用一条极粗的铁链子将它绑在水泥柱或钢柱上，小象无法挣脱，慢慢地就习惯了，后来就不再挣扎，现在的它虽然能够轻而易举地逃脱链子的束缚，但它却失去了挣扎的思想。对于大象的这种思想及行为上的变化，驯象人解释说：“大象之所以不会逃脱，是因为我锁住了它的灵魂。”

这个故事告诉我们，当一个人的思想被束缚之后，他的灵魂就适应了安逸，从此开始变得随波逐流，并最终丧失了主动思考、主动行动的力量。这正如一位哲学家所说："被困难禁锢的人是痛苦的，被感情禁锢的人是愚钝的，被思想禁锢的人是可悲可怜的。"其实，禁锢本身并不可怕，可怕的是当一个人的思想被一种无形的枷锁禁锢时，这个人就会对所有的人、所有的事听之任之、麻木不仁。

韩寒曾说："听说过很多大道理，却依然过不好这一生。"其根本原因在于，很多道理都是别人的看法、别人的思想，也许这些道理适合某个人，甚至让他成功了，但未必适合你。

小时候的我很爱问为什么，很多稀奇古怪的问题令大人们头痛不已。有一次，我问母亲："树叶是什么颜色的?"当时母亲正在忙，不耐烦地告诉我："春天、夏天时的叶子是绿色的，等到了秋天，叶子就变成了黄色的。"我牢牢记住了母亲的话。

后来，老师在课堂上问："小朋友们，树叶是什么颜色的?"我第一个站起来回答："叶子在春天、夏天是绿色的，在秋天时是黄色的。"我刚说完，有个小朋友就立马站出来反驳道："枫叶在秋天是红色的。"我与那个小朋友极力争论，最终的结果自然是我输了。从此，我知道树叶不仅有绿色、黄色，而且也有红色的。

此事给我的童年留下了深刻的印象。也正是这件事，让我真正明白，不要一味地去相信他人所谓的大道理，这些道理也许在某个范围内是正确的，但它未必适合世界上所有的人。所以，我们要让自己做一个有主见的人，不要因为他人所谓的大道理，而轻易改变自己内心原本坚定而美好的想法。

在这个人云亦云、随波逐流的社会，你有没有问过自己："这就是我想要的生活吗？我做的每一件事都是我的意愿所为吗？"也许有人会说："身边的每个人都这样生活，我也只能这样了，不然就被归为'异类'。"的确，我们身边的大部分人都在过着大同小异的生活，但这不意味着我们必须这样虚度自己的一生。

那么，那些成功者呢？他们与众人有什么不同呢？他们与普通人最大的不同就是，他们不甘心活在别人的道理中，更不会被社会上的条条框框所束缚。他们始终使自己处于"独立思考"的状态，并敢于在人群中随心所欲地做自己认为正确的事情。

5. 凡是不能把我毁灭的，必将使我更强大

行走在人群中，我们总是感觉有无数穿心掠肺的目光，有很多飞短流长的冷言，最终乱了心神，渐渐被缚于自己

编织的一团乱麻中。其实你是活给自己看的，没有多少人能够把你留在心上。

很多人都会说“走自己的路，让别人去说吧”这句话，但当面对外界流言，很少有人能够无动于衷，甚至在飞短流长中淹没了自己，乱了本该属于自己的节奏。其实流言蜚语不会伤人，只有自己才能伤到自己。

世上本无事，庸人自扰之。正所谓“死要面子活受罪”，太过在意别人的流言势必会委屈自己，凭空给自己带来痛苦和烦恼，严重者甚至会造成人生的悲剧。

民国著名女演员阮玲玉，就是因为流言而结束了自己的生命。阮玲玉端庄大方，清丽脱俗。对待表演艺术，她勤奋刻苦，倾注了全部的热情。表演中，她能够准确地体味人物的情感，捕捉到人物感觉，并用适当的眼神、表情、动作准确地表现出来。25 岁的她已成为当年绝对的影后，没人可以与其竞争。但是，就是在这样最好的年华，她却以自杀的形式结束自己的生命，遗书只有“人言可畏”四个字。

原来，当时的闲人舆论以及街头小报以她的婚姻讼案大做文章，不少内容存在虚假捏造甚至恶意中伤的情况，而阮玲玉不堪受辱，一代红颜就此香消玉殒。

人言固然可畏，但最终起关键作用的是你的心态。虽然古语云“众口铄金，积毁销骨”，但依然有“浊者自浊，清者自清”的说法。随着网络的发展，言论变得越来越自由，有多少流言不胫而走。但是，仔细想来又有多少人真正了解另外一个人的经历、感受和想法呢？别人的话又有多少参考价值呢？所谓的金玉良言尚且不适应每个人，更何况是诋毁的流言蜚语呢？

著名主持人白岩松说：“有时候，我们活得很累，并非生活过于刻薄，而是我们太容易被外界的氛围所感染，被他人的情绪所左右。”

有人因为别人的流言蜚语而黯然神伤，而有人却不惧流言保持自己的步伐，甚至走得更有力。尼采说：“凡是不能将我毁灭的必使我强大。”

嘴巴长在别人身上，而心绪的调整在于自己。有些人习惯信口开河，有些人喜欢人云亦云，我们管不了那么多，只能管好自己的心，让心淡定自然。我们要明白，如果让他人的飞短流长伤了自己才是最不值得的。有句话叫“身正不怕影子歪”，走好自己的路，掌控自己的情绪，不要因为别人飞短流长的冷言而乱了自己的心神。

6. 抱怨并不会改变什么，努力才会

人生路上，痛苦就是那么多，你越紧盯着它不放，你就会越痛苦；相反，你越是不把它当作一回事儿，反而可以轻易地跨过去，开始新的生活。那么，是在抱怨中让自己变得越来越倒霉，还是在不抱怨中创造全新的生活呢？

在我们的生活中，充斥着各种各样的抱怨，抱怨贫穷，抱怨工作，抱怨各种的不公平、不合理等。从来没有抱怨过的人，很少很少。可是，抱怨到底有什么意义呢？是会改变我们不满意的生活现状，还是让生活变得更糟？

我们常说“思想决定行为”，但行为往往对思想也起着反作用。音乐和舞蹈能让人感到放松和愉悦，噪音和哀怨则会让心情越来越糟糕。不断的哀怨和控诉会占用太多时间和精力，让人陷入疲惫和不满的泥淖，形成一个无限的恶性循环。这样的做法，于环境来说毫无改变，却反倒让自己变得越来越消沉，最终为环境所抛弃，变成彻底的倒霉蛋。

下面这个故事里的驴子和马，正是如此。

在唐朝的时候，有人开了一间磨坊，同时买回来一头驴和一匹马，并把它们关在一个黑乎乎的小磨坊里，不停地干活儿。面对这种遭遇，驴子彻底绝望了，它想，自己的余生注定要在这里度过了。于是，它不断发出刺耳的叫声，表达自己的哀怨。主人是个暴脾气，每当听到驴子的叫声，就会拿着鞭子进来对它一顿猛抽。主人的态度让驴子更加绝望，没过多久，它就变得骨瘦如柴了。

马虽然和驴子干一样的活儿，但从不抱怨，因为它一直在想着自己驰骋千里的梦想。它把劳作当作锻炼，该吃就吃，该睡就睡，随着日子一天天过去，更加强壮了。

机会终于来了，唐王朝为强大军队，彰显国威，开始搜罗天下好马，而磨坊里的这匹马，因为膘肥体壮被前来的将军一眼看中。从此，马儿离开了黑磨坊，走上了训练场，最终走向了战场，帮助将军立下了赫赫战功。

这个小故事告诉我们，面对不满意的生活现状，抱怨非但不能改变生活，还可能让生活变得更加糟糕。在一项调查中，有超过一半的人表示抱怨是为了发泄心中苦闷，但“有意思”的是，当我们向别人抱怨的时候，往往也会引起对方的抱怨，结果就是我们吸收了更多的负能量。可见，在抱怨中，问题没有得到解决，还平添了更多烦恼，当真是得不偿失。相反，只有直面人生，并时刻努力，时刻准备抓住改变命运的机会，才能真正改写自己的命运。

我们必须认识到，抱怨是一种可怕的慢性毒药，看上去只是嘴巴说说，实际已经侵入我们的思维，进而渗入我们的态度行为当中，一个被抱怨这种慢性毒药“占领”的人，还能有什么作为呢？

没有一帆风顺的生活，更没有一蹴而就的事业，人人都会遭遇这样或那样的不如意，但因为每个人的承受力不同，结果也不同。来看下面这个故事：

在印度，有一个师父，对于徒弟每天不停的抱怨感到很是无奈，于是决定给他上一课。师父把徒弟叫来，说：“你去取一些盐来！”徒弟有些不情愿，但还是去取来了。接着，师父让徒弟把盐倒进水杯里，并喝下去。

徒弟照做了，师父问：“味道怎么样？”徒弟一副痛苦的表情，说：“很苦！”

师父笑了笑，叫徒弟带上同量的盐和自己去河边。到了河边后，师父让徒弟把盐撒进河水里，然后对徒弟说：“你去喝点河水！”

徒弟喝了一口，师父问：“有什么味道？”

“很清凉。”

“尝到咸味了吗？”

“没有。”

这时候，徒弟有些茫然了，他不知道师父到底要说什么。师父转过身来，意味深长地对徒弟说：“人生的苦痛如同这些盐一样，有一定数量，我们承受痛苦的容积的大小决定痛苦的程度。所以当你感到痛苦的时候，就把你的承受的容积放大些，把一杯水变成一条河。”

多么富有哲理的一个故事！这就告诉我们，虽然每个人的生活中都有烦恼和痛苦，可是，每个人的心就好比是承受烦恼和痛苦的容器，面对同样的烦恼和痛苦，心胸开阔的人和心胸狭窄的人相比，真正感受到的烦恼和痛苦是截然不同的。打个比方来说，一滴水落在小水坑里，溅起的是大大的“水花”，一滴水落在大海里，却好像什么都没发生一样。如果我们选择做一片大海，还惧怕什么烦恼和痛苦呢？

做人应该像一棵树，不管有多大的风雨，一直要努力向上，而不是在风雨中自怜和感叹，不是吗？

第五章

诱惑纷至沓来，
千万别在欲望中迷失

1. 维护尊严并不是死要面子

如果一个人一生都在为面子而活，他不仅活得很累，而且会因为寻求面子而迷失自己。反之，如果一个人敢于丢下面子，让自己的心中少一份虚荣，多一份真实，则可以活得更开心、更淡定、更幸福。

世人相处，最看重的就是面子，所以才有“人活一张脸，树活一张皮”的说法。关于面子问题，林语堂曾说：“中国人的脸，不但可以洗，可以刮，并且可以丢，可以赏，可以争，可以留。有时好像争脸是人生第一要义，甚至倾家荡产而为之。”可见，面子问题何等重要。

历史上有一个“无颜见江东父老”的典故：项羽百战百胜，但在和刘邦的决战中以惨败收场。面对如此败局，项羽叹息道：“我与江东子弟八千人渡江，今天无一回去，怎有脸去见江东父老乡亲呢?”为挽回面子，项羽手持短兵搏杀了数百人，以证明自己不是没实力。最后，项羽乌江自刎，草率了结自己的性命。

项羽是一个爱面子的典型，他曾说过“富贵不还乡，如锦衣夜行”的话。到了最后的生死关头，不考虑为自己寻条生路，却还在为面子挣扎，由此可见项羽只不过是逞匹夫之勇，缺少成为政治家的修养。因此，项羽输给刘邦也是必然的事情。

在众人心目中，面子等同于尊严，所以很多人总是把面子看得比性命还重要。关于面子问题，有打油诗调侃道：“头可断，发型不能乱。血可流，皮鞋不能不打油。”而实际上，尊严并不同于面子，所谓面子，只不过是一种表面的虚荣，是虚假的体面。通常来说，尊严不依赖于面子，而依赖于人格，只有那些人格高尚的人，才能够真正维护自己的尊严。那么，面子与尊严究竟具有哪些本质的区别呢？在这里，我们不妨通过一个故事来说明两者之间的不同。

有一个人，总因为自己没面子而感觉心情沮丧，于是找大师请教。大师说：“当你感觉自己没面子时，就往自己的口袋中放个鸡蛋，不仅要每天随身携带，而且要保证鸡蛋不被打碎。一个月之后，再来找我。”

此人按照大师的吩咐去做。然而放在口袋中的鸡蛋，没过几天就变质了，散发出难闻的气味。别说他人避而远之，就连自己都难以忍受。

一个月之后，再见到大师。大师说："你所在乎的面子，就像口袋中的鸡蛋，你如果太在意它，放不下它，时间久了就会变质、发臭，最后难受的是你自己。"

然后，大师又吩咐此人说："如果哪天你做了捍卫尊严的事情，就往自己的口袋里放一块金子。一个月之后再来见我，我自然会告诉你尊严与面子有何区别。"

几日后，此人果真做了一件维护尊严的事情。但由于家中清贫，没有金子可以放在口袋里。一个月之后，此人又去拜访大师，眉眼中流露出愉悦之情。大师问："你的口袋中并没有金子，为什么你却心情如此愉悦?"此人回答："我感觉做一个有尊严的人，会令我身心愉快，至于我的口袋中是否装有金子，早已不是什么重要的事情了!"

大师笑道："尊严是做人的本质，它可以使人的心灵像金子一样发光。而面子则是一种表象，一个人若总是为面子而活，时间一长，就像发臭的鸡蛋，连自己都会讨厌自己。"

现实生活中，很多人总喜欢把面子当尊严，其实"面子"与"尊严"具有极大的区别。比如，面子是外在的，而尊严是内在的；面子需要别人给你，而尊严是自己留给自己；面子讲究的是抱团，而尊严追求的是自我；面子是皮肉，而尊严则是骨头；面子是随时都可以丢掉的道具，而尊严则是永不可毁灭的精神。

据说，齐国有一个穷酸之人，娶有一妻一妾。为在妻妾面前有面子，他告诉她们总有人邀请他去赴宴，且每次回家总是装出一副酒足饭饱的模样。其实，他并没有去参加什么宴会，而是跑到城东门的墓地里，向上坟人乞讨剩余的祭品而已。

为挣得面子，竟做出如此下贱之举，这人不但没有丝毫羞耻之心，反而扬扬得意，总是在妻妾面前摆出一副不可一世的样子。就算他在妻妾面前暂时赢得了面子，而他的尊严却早已丧失殆尽了。

人要脸，树要皮。但我们不应该把面子与尊严画等号，更不应该为挣得面子，而使尊严扫地。一个人是否能够有尊严地活着，并不在于他多富有、多高贵，而取决于他是否自尊，是否能够正直而坦荡地活着。

2. 与其羡慕别人的美好，不如珍惜自己的拥有

你无论多么羡慕别人，也无法让自己变成别人；你无论多么厌恶自己，也无法让自己不做自己。猪永远是猪，牛永远是牛，鸡永远是鸡，鹰永远是鹰。它们唯一能够改

变的是，不去羡慕别人的美好，好好珍惜自己拥有的。

生活中，很多人总喜欢拿自己跟“别人”比，且在言语之间流露出难以掩饰的羡慕之情。尤其在跟身边的朋友、同事、同学、亲戚相比较时，更是感慨万千、愤愤不平。比如，有的人羡慕别人家庭幸福，有的人羡慕别人事业有成，有的人羡慕别人生活富足。总之，无论自己现状如何，总是羡慕别人比自己拥有的更多。其实，我们完全不必羡慕别人，用心过好自己的人生，珍惜现在的拥有，这才是人生中真正的快乐与幸福。

在这里，与大家分享一则有关羡慕与被羡慕的寓言故事。

猪说：“假如让我再活一次，我希望自己做一头牛。虽然工作辛苦，但名声好，且令人爱怜。”

牛说：“假如让我再活一次，我希望自己做一头猪。吃了睡，睡了吃，整天不出力气，不流汗，过着神仙般的生活。”

鹰说：“假如让我再活一次，我希望自己做一只鸡。渴有水喝，饿有米吃，住有住房，还受人保护。”

鸡说：“假如让我再活一次，我希望自己做一只鹰。能够云游四海，翱翔天空，而且还可以任意抓兔杀鸡。”

世界还真是奇怪，一些人觉得幸福的事，对另一些人来说却是痛苦的。对自己来说，明明是缺点或瑕疵的特征，在别人眼中却变成了优点。

正如一句话所说：风景总在别处，幸福总是别人。很多人的一生在羡慕别人中度过，却忽视了自己拥有的。有人时常幻想，如果有一天，一觉醒来变成某个人，那该是多么幸福。然而，那些令我们羡慕不已的人，他们也正在承受着自己生命中的缺憾。

在这个世界上，每件事都像一枚硬币，有正的一面，也有反的一面。所以，每个人都有自己的幸福，也都承担着自己的不幸。当你在眼巴巴地羡慕别人时，也正被别人眼巴巴地羡慕着。所以，请别羡慕别人，每个人都有自己的亮点，也都有属于自己的那份幸福。假如有一日，你的生命中发生了某件令人感伤甚至痛苦不堪的事情，请不要怨天尤人，更不要绝望。说不定，这正是你令人羡慕的开始呢！

著名收藏家萨依特，年轻时曾是政府高官，34 岁时就做到了副市长。不幸的是，正当事业飞黄腾达时，他所管辖的城市发生了一场火灾，萨依特为此被免掉了副市长的职务。

身边人都为这件事感到惋惜，并认为萨依特会为此痛苦不堪。被免职的萨依特搬到乡村居住，并过着平民百姓的生活。由于萨依特见多识广，知识渊博，闲来无事时，开始研究收藏。七八年之后，萨依特竟然从民间收藏了几十件世界顶级陶器，每一件陶器的价值都值上千万美元。

有人问萨依特：“在这短短几年里，你为何能够在收藏界取得如此大的成就?”萨依特回答说：“我的生活非常简单，从不盲目与别人攀比。也正是这种清净的生活，使我能够一心一意地鉴别陶器。”

活好自己的人生，不去羡慕别人。这不仅令萨依特摆脱了人生中的各种烦恼，同时也使他把收藏事业做到了顶峰，从而成为一名伟大的收藏大师。同样，在我们的生活中，总是令我们内心不安的，并不是因为我们做得不够好，也不是因为我们拥有的不够多，而是因为我们总在羡慕别人。在这种羡慕、不满情绪的影响下，人生开始陷入混乱、迷茫、复杂的怪圈之中，最终丧失了为梦想奋斗的勇气与力量。

羡慕别人，你付出的代价将是失去自己。而那些不去羡慕别人、悠然自得活好自己的人，反而更容易实现人生目标。所以说，幸福并不是去羡慕谁，而是用心守住自己的所有，追求自己的希望，在简单与豁达中寻找幸福的真意。

3. 愿你和谁都不争，和谁争都不屑

在这个世界上，总有一些人拥有的财富，令我们羡慕不已。但是，一个人要想使自己的生活保持原本的美好，就一定要学会控制自己的攀比之心。

中国有句谚语说："人争一口气，佛争一炷香。"所谓的"争"，即争取、奋斗之意，这是一种积极的无可厚非的行为。做人固然要争气，然而在现实生活中，很多人所谓的"争气"并不是争骨气，而是为了所谓的面子，不顾自身实际与他人攀比。

如果这些"争"在自己的能力范围之内，也就罢了，偏偏有很多爱慕虚荣之人为了面子，不惜付出一切代价。最终他们不但没有把这口气"争"回来，反而把自己逼得无法呼吸，甚至因为一口气没争到，把自己给气死了。

说到"争气"之事，不禁让我想到"吹破肚皮的青蛙"这个故事：

一头牛在泥泞的草地上吃草，偶然会把脚踏在一堆小青蛙当中，几乎把所有的幼蛙都踩死了。幸运脱险的一只

青蛙，带着这可怕的消息跑到母亲那里去了。“啊，母亲！”它说，“是一只野兽，一只有四个大脚的大野兽把兄弟姐妹们给踩死了。”“大野兽有多大？”老青蛙问。“很大很大。”小青蛙回答。老青蛙鼓足了气，把自己的肚皮胀得大大的，问道：“大野兽像我这样大吗？”“比这大多了！”小青蛙说。“哦，有这么大吗？”老青蛙继续鼓着气，把肚皮胀得更大了。“真的，妈妈，即使你胀破了自己，也不够它的一半大。”小青蛙说。老青蛙看到自己的努力受到轻视，很是恼怒。于是，老青蛙用尽力气鼓了一下气，不幸的是胀破了肚皮，在妄自尊大中自行灭亡。

我们多半人就像故事中的青蛙，为使自己不输给别人，开始与身边的人比这比那，并要求自己一定要“争气”。其实，这所有的行为，并不是为了争气，只是为了争面子，满足自己的虚荣心而已。

现实生活中，经常有这样一类人：为争一口气，证明自己比别人强，房子一定要比别人大，挣钱要比别人多，人缘要比别人好，权力地位要比别人高，孩子一定要比别人优秀。反之，当他看到别人发了财，买车买房，就眼红，忍不住攀比，最终使自己债台高筑，负重不堪。

前不久曾看到一则题目为《妹妹嫁高富帅，姐姐为攀比而贷款买车买房遭起诉离婚》的新闻，其大概情节是：

姐姐是开花店的个体户，老公是一名民警，夫妻俩虽算不上富贵，但小日子也过得幸福美满。而比姐姐小 5 岁的妹妹，从小就学习好，大学毕业后，在某一线城市当教师，不但工作清闲、待遇好，而且还嫁了一个“高富帅”老公。妹妹结婚时，男友的父母不但给他们买了婚房，还送他们夫妻一辆高级轿车。另外，还在某滨海城市给他们买了一套海景房。结婚后，妹妹每次过年，总是开高级轿车回家，车里装满了各种礼品、年货，并且为家中的孩子们准备了厚厚的红包。每当这时，父母总为小女儿的孝顺眉开眼笑，心里乐出花。

看到妹妹生活幸福，姐姐的心中自然是高兴的，但时间长了就产生了不平衡。尤其在亲戚们聚到一起时，总会不由自主地讨论：“这姐妹两个呀，还真是从小看到大……从小就是妹妹学习好、听话、懂事，现在姐妹两个的差距更是越来越大……”

每当听到类似的评论，姐姐内心总会伤感、难过好一阵子。为表现出自己并不比妹妹差，姐姐卖掉了原来的小房子，贷款买了一套复式的大房子，光装修费用就花掉了 20 多万。房子装修好不久，姐姐又贷款买了一辆 20 多万的车。

如此一来，姐姐不仅花光了多年的积蓄，且每个月要还 8000 多元的车贷、房贷。夫妻两个人的收入，除还贷款外，生活开支都成了问题。面对如此之大的还贷压力，丈夫认为妻子过于虚荣，妻子反而嫌弃丈夫挣钱少，两人总是为金钱的事争吵不止。丈夫对妻子的行为忍无可忍，终于上法庭起诉离婚。

读完这则新闻，不禁唏嘘感慨，一个原本和睦的家庭，竟然为了虚假的面子，而搞得夫妻二人对簿公堂，最终以离婚收场。

的确，人人都有攀比之心，甚至是打着“争气”的幌子来满足各种各样的虚荣心。

生活中，人们感慨最多的一句话就是：“活着真累！”一个人之所以会感觉累，一半的压力来自生存，另一半的压力则来自攀比。中国有句话叫“打肿脸充胖子”。对于一个不胖又想“争气”装胖的人来说，就必须要把脸打肿，并且要承受“肿脸”的疼痛之苦。所以说，人生的烦恼，大多时候并非真正缺少什么，而是因为心中的“争气”情结，总是把我们逼得无法呼吸。

不争，即为人生至境。这正如英国诗人兰德在诗中所写：“我和谁都不争，和谁争我都不屑；我爱大自然，其次就是艺术；我双手烤着生命之火取暖；火萎了，我也准备走了……”

4. 不要让金钱吞噬你的人生，不要让攀比比掉你的梦想

人活着不能没有钱，但钱绝不是人生的全部。当我们所做的一切都在围绕着钱转的时候，其实我们已经败给了金钱，输掉了人生。所以，不要让金钱吞噬你的人生，不要让攀比比掉你的梦想。

从心理学上讲，攀比是一种与生俱来的人性，这种人性本身无所谓好坏。从小处讲，适当的攀比心理能激发人的上进心，往大处讲，正是由于人类的攀比心理，才得以推动人类物质文明的不断进步，推动人类智慧的不断发展。但是，当这种攀比心理超过一定程度的时候，就会扭曲人的心理，给人带来痛苦。不少人因为无法摆脱攀比心理，就尝到了自酿的苦果。

曾看过这样一则新闻：在广州做生意的周某回到家乡。由于多年没见面，同学刘某、王某等人为他组织了一次同学聚会。这本该是一次老同学久别重逢的聚会，谁料却成了刘某与王某的炫富会。席间，二人炫富斗嘴、互不相让，

破坏了气氛，聚会草草收场，大伙不欢而散。谁知，在结账时，二人又因争抢买单使矛盾激化。在相互推拉的过程中，王某不顾同学劝阻将刘某多次推倒在地，致刘某小肠系膜破裂。案发后，王某在同学的陪同下来到公安机关投案自首，对犯罪事实供认不讳。

好好的同学聚会，变成炫富会，最后变成同学“惧”会。人人都知道攀比是一种不健康的心理，但道理归道理，很少有人能够停下攀比的脚步。人们好像进入了一个难以走出的怪圈，不是生活在自己的世界里，而是生活在别人为自己设计的世界里，虽然不喜欢，却还是一往无前。

现代人的攀比，核心是金钱，具体则延伸到多个方面。比如购房，表面看是刚需，实际上是一种金钱竞赛，能够买得起房子的人好像就获得了一种身份，能够享受到一种“人上人”的优越感。再有，就是结婚排场上的攀比，近年来，“中国式结婚”的成本日趋高涨，然而，金钱与爱情是不能画等号的。

其实，所有的攀比，说到底是为了面子。作为人，我们需要基本的面子，但是，攀比中的面子，实际已经成为一种虚荣。正所谓“死要面子活受罪”，死要面子的滋味只有自己最清楚。

有一个秀才，明明很穷，却很爱面子，就是不肯承认自己穷。有一个冬天，秀才的一个远房亲戚请他去做客。

秀才答应了，可是翻箱倒柜也找不到一件体面的冬衣，这可如何是好？秀才想了半天，想起自己有一件夏天穿的漂亮的单褂，于是干脆就穿上这件单褂出发了。不仅如此，他还拿了一把扇子，一边走一边扇。

到了亲戚家，亲戚惊讶地问："你怎么穿这么少，不冷吗？"

秀才摇着扇子，满不在乎地说："不冷啊，我这人怕热。"嘴上这么说，心里却在想，一会儿一定多喝几杯酒，去去寒气。

可是，等酒席开始，亲戚见秀才如此地怕热，怕他喝了酒中暑，就坚决没让他喝。秀才也只好装下去，拿着扇子继续扇啊扇，越扇越冷。

晚上亲戚留秀才过夜，秀才高兴极了，心想，终于可以钻进暖暖和和的被窝了。但是没想到，亲戚又怕他热，卷走了床上的被褥，给他铺了一条席子，还打开了窗门。到了半夜，刮起了大风，秀才穿着单褂，冻得瑟瑟发抖，决定偷偷溜回家。但由于天黑，刚出门没走多远就掉进了池塘。秀才不会游泳，在水里挣扎着，响声惊动了亲戚，亲戚提着灯出来一看，赶紧对秀才说："你等等，我去拿根竹竿，把你拉上来！"这时候，秀才仍旧死要面子，说："不用了，我是嫌屋里太热，出来洗个澡的。"

作为局外人，我们能够很清楚地看到这个秀才的荒唐之处。但是，当我们在生活中为了金钱处处与人攀比的时候，作为当事人，却常常难以发现自己的荒唐之处。

要知道，金钱再好，没有生命美好。健健康康地活着，为梦想出发才是最美好的人生。

5. 木秀于林，风必摧之；行高于人，众必非之

地低成海，人低成王。一个人无论取得多大的成就，也不管名有多显、位有多高，都应该采取低调谨慎的处世态度，切不可处处锋芒毕露。

在网络发达的今天，我们身边充斥着各种“炫”。很多人生怕别人不知道自己，或担心社会冷落了自己。于是，睁开眼睛的第一件事就是打开网站、论坛、朋友圈，然后在网络世界中高调出场，以提升自己的关注度及曝光率，并从中获得所谓的“成就感”。

这些喜欢在公众场合高谈阔论的人，虽能够博得诸多的鲜花与掌声，但也会遭到他人的嫉妒或仇视。更为可怕的是，他的高调炫耀会将自己暴露于众目睽睽之下，令自己的缺点、不足一览无余。正如孔雀开屏，炫耀羽毛的同

时，也露出了它丑陋的屁股。

有社会学家认为，人的一生需要靠两件事来确立根基：第一件事就是做人，第二件事就是处事。纵观古今中外，最能够保全自我、发展自我、成就自我的处世之道便是：高调做事、低调做人。能够成大事的人，必须先将自己置身于暗处，并观察身在明处的人，使自己保持静默，观察他人的一举一动。这样，所有人的情况就已经都在你的掌握之中了。那些越善于低调做人者，就越能够成大事；越是那些功成名就者，往往越是低调的典范。

在中国快递行业中，顺丰速递无疑是家喻户晓的，但却很少有人知道，顺丰快递创始人的名字叫王卫。

创业 20 多年来，王卫一直坚持低调行事原则，很少接受媒体采访。其实，找不到王卫的并不仅仅是媒体，就连投资银行的经理人，也很难找到他。据说，有风投想给王卫融资，但王卫始终不肯出来见他。为见王卫一面，这个风投对外开出了 50 万中介费的价码。他愿意掏 50 万，只是为和王卫一起吃一顿饭。另外，包括花旗银行在内的很多投资银行，都在寻找王卫。为找到王卫，他们宁愿付给咨询公司 1000 万美元的佣金。

在仅有的几次采访中，当王卫被问及为何保持低调作风时，他的观点是，低调一点对管理企业有好处，只有让员工认不出你，你才能够深入基层了解最真实的情况。

通常，成大事者大都是出色的潜伏者，善于在隐藏中保护自己。他们明白，当一个人置身暗处时，别人就不会关注你，自然也就无法看透你，从而使自己减少了不必要的对手，以更好地保存自己的实力。同时，使自己置身暗处，更有助于观察他人的一言一行、一举一动，令自己更清楚地看到对方的真实面目及目的。所以说，一个善于“潜水”不招摇的人，才是真正的智者。

低调做人，不仅是一种修养、一种风度，更是一种智慧、一种谋略、一种处世哲学。千百年的历史证明，“调”越高者，结局越惨；反而那些俯下身子处世者，颇具王者风范、圣者气度。

说起“高调”与“低调”，最具代表性的人物则是项羽与刘邦二人，且两者之间形成了鲜明对比。

当年的楚霸王项羽，不仅年轻得志，且英勇善战。与作战勇猛的项羽相比，刘邦显然黯淡了很多，但刘邦也具有自己最重要的优势，即做事低调，善于隐藏自己。

在面对皇帝之位时，项羽一心想抢到属于自己的皇冠，处处显示出自己锋芒毕露的好强个性。当然，刘邦也有独霸天下的雄心壮志，但他却不显山不露水，故意表现出一副甘心称臣的模样。在鸿门宴上，刘邦全然放下面子，以委曲求全来保存自己的实力。

随着实力的逐渐壮大，刘邦开始向项羽逼近，最后使项羽落得个乌江自刎的悲剧下场。聪明的刘邦明白“过刚易折”的道理，所以他总是以低调来掩护自己，最终成功建立了汉朝。

其实，他们的成功与失败，就在于处世之“调”的不同。中国古话曰：“鹰立如睡，虎行似病。”意思是说，当老鹰站立起来准备抓捕猎物时，常会表现出一种困乏无力的神态，而当老虎准备向猎物发出攻击时，则会装出一副大病未愈、无力行走的样子。倘若它们不善于隐藏自己、迷惑对手，猎物们将会闻风而逃，就算鹰与老虎的本领再大，也很难捕到猎物。

俗话说：“木秀于林，风必摧之。”在为人处世中，若一个人过于招摇，难免会让一些人看你不顺眼，这无形中就为自己树立了对手、敌人，为自己的人生找麻烦。所以说，低调是做人的最佳姿态，更是成大事者不可不知的终极智慧。

6. 学会拒绝，才是对自己最大的尊重

哈佛商学院 MBA 职业规划大师蒂莫西·巴特勒也曾说：“不惜任何代价避免冲突，当老好人，已成为阻碍职

场人士成功的首要障碍。”所以，一个人要想不委屈自己，使自己的生活更美好，就要学会拒绝他人，做到有所为，有所不为。

面子问题大如天，为了面子，我们总是不忍拒绝别人的不当请求。曾有个朋友向我抱怨：“邻居经常向我借车，导致我每天下班开车回家都带着巨大的压力，总担心会在门口碰到这个噩梦般的邻居。”

听着朋友的烦恼，心中不由感慨——车是你自己的，不想借给对方，不借就成了，干吗非让自己活在压力之中呢？不过在现实生活中，确实有不少与我这位朋友相似的人，他们总认为拒绝别人比委屈自己更难，所以他们宁愿委屈自己，也不肯拒绝别人。

仔细想想，这些年，你到底吃了多少不懂拒绝的亏？比如，几年没见的老同学去你居住的城市出差，让你去火车站接他，明明有更重要的事情要做，但还是说“好”；同事让你帮他做点事情，自己手头的工作还堆在那里没完成，却不情愿地答应“行”；当领导让你周末加班，而那天是你与老婆的结婚纪念日，你左右为难，最终还是回答“没问题”……

对于别人的请求，我们总是“有求必应”，从来不敢说出一个“不”字。即使自己左右为难，即使心里有一千个一万个不情愿，也总把委屈放在心里。美国心理学家莱斯·巴巴内尔认为，不敢对别人说“不”，总是试图让自己扮演“老好人”，这种过分友善的行为是一种病态心理，被命名为“取悦病”或“友善病”。这种过分取悦他人的行为，不但不能令我们获得好人缘，反而会为此付出高昂的代价。

赵菁菁是名牌大学的高才生，大学毕业后在一家高科技外企工作。工作中，她感觉压力极大，有一种即将崩溃的感觉。

面对心理咨询师时，她委屈地倾诉：“我知道，新人要想在工作中有所进步，需要付出一定的代价。所以，对于上司的命令，我做到绝不违抗；对于同事的请求，我总是有求必应，希望以此来赢得他人的好感，为今后事业的立足打基础。但是，这样做的结果却是，我每天需要做的工作多到做不完，经常需要加班到凌晨，而其他同事却轻松得像个闲人。真不知如何改变这种糟糕的现状？”

针对如此状况，心理咨询师提醒并忠告赵菁菁，假如她不改变目前这种“从不违逆”的思维方式及处世风格，她将永远都改变不了当前的局面，甚至会使情况变得越来越糟，最终导致她在高度压力下自行崩溃。

其实，我们身边有很多与赵菁菁相似的人。他们总是不知不觉地以“取悦者”的身份来取悦别人，认为这样做就能够获得对方的认可，为自己争取一片立足之地。这听起来好像没错，但问题在于，我们忽视了人性中自私的一面：当你总是对别人无条件地付出时，对方会习惯于你的付出，甚至感觉你的付出是理所应当的。

为表现你的友善，你总是在用大量的时间替别人做事，而自己的工作却总是一拖再拖。从此，你就变成了一头免费的驴子，分秒不停地拉磨，永远都无法让自己停下来。就算你的内心苦死，身体累垮，依然说不出一个“不”字。假如有一天，当你再不想这样无怨无悔地付出时，他们反而把你当作自私自利、斤斤计较之人，从此你立刻不被任何人欢迎。

谈及拒绝他人的智慧与方法，不妨听听书法大师启功先生的故事。

20 世纪的 70 年代，向启功先生求教、求学的人数不胜数，以至于先生的住处终日脚步声不断、敲门声不停。为此，启功自嘲说：“我真成了动物园里供人观赏的大熊猫了！”

有一次，启功先生患了重感冒，根本起不了床。怕有人敲门打扰，就把一张写了字的白纸贴在门上。此纸上写道：“熊猫病了，谢绝参观；如敲门窗，罚款一元。”

喜剧大师卓别林说：“学会说‘不’吧，你的生活将会美好得多。”这些年，我们都吃了不懂拒绝的亏。对于“拒绝”，很多人认为它是一个贬义词，代表着无情、排斥、隔阂、敌视之意，充满了消极色彩。其实，拒绝不但不代表这个人冷漠、无情，反而是一种积极的行为。如果我们能够在适当的时候拒绝他人不合理的要求，就可以扼杀掉对方不切实际的幻想。虽然拒绝会给人的内心带来不愉快甚至痛苦的情绪，但如果你无法帮到对方，但又不拒绝对方，这就会使对方的“痛苦”不断延伸。所以，从这个角度来说，拒绝是理性者解决问题的最佳方式。

学会拒绝，适时地表达自己内心的不满，不仅可以让自己解放出来，还能让那些“一直麻烦我们的人”有所顾虑、有所收敛。虽然助人为快乐之本，但在智者眼中，适当拒绝他人，更是一种智慧的表现。

第六章

断舍离，重新拿回驾驶生活的主导权

1. 真正幸福的人，懂得给生活做减法

减法给予一个人从内到外更换血液和精神的机会。当负担过重时，加法只能让我们徒增烦恼，减法却可以让我们得以脱胎换骨、重返青春。

刚出生的婴儿总是紧紧攥着拳头，想把世界握在手里。这时的他不断奋斗，做着人生的加法，以从这个世界中获得更多需要的东西。而到了白发之年，开始做减法，直到弥留之际，手掌摊开放下了所有。

从无到有再到虚无，从加法到减法，在这个过程中，只有懂得加减取舍，才能达到生命的平衡和圆满。

古希腊神话中，有一个聪明绝顶的人叫西西弗斯，因为贪念活着的美好，算计了死神，最后被惩罚在一个陡峭的高山上推一块大石头。每当他用尽全力，石头快达到顶峰时，就会因为重力从山顶滚下去。于是，西西弗斯不得不一次次把石头推上山顶，做着永远无效无望的劳动。

每个人都是西西弗斯，重复着推石头上山和承受石头滚下来的整个过程。在人的旅程中，上山固然能获得愿望实现的快感，但下山却能让心灵得以自由地安放。也只有当一个人以减法的心态推起巨石，才能够轻装上阵，才不会被“巨石”带来的苦难、压力打垮，才能将“巨石”推到人生的又一个巅峰。

关于这一人生话题，子路曾经问孔子：“老师，怎样做人生才能完满而不倾覆?”

孔子说：“你记住四句话——聪明睿智，守之以愚；功被天下，守之以让；勇力振世，守之以怯；富有四海，守之以谦。”孔子告诉我们，水满则溢，过犹不及，想要固守所成，就要学会做减法。一辈子如此，一天也应是如此。比如，这顿饭吃多了，下顿饭就要少吃点儿，不然就会积食；这几个月工作太累，下几个月就不能太累，不然就会过劳。如果疲于奔命，等到花甲之年想要放松，身体却会因为不能承受而垮掉。因为早在几十年的加法中，身体和心灵在一直负重，当所有负重瞬间减掉，身心就像被挤压多时的心脏，瞬间因为压力骤减而爆掉。

生活中，我们若减少一次奢靡，就能增加一份纯净和本真；若减少一次诽谤，就能增加一份宽容和豁达；若减少一次虚与委蛇，就能增加一份坦诚相待；若减少一次谄媚，就能增加一份人格的尊严。大道至简，艺术、工作和生活都是如此。大凡生命得以圆满的成功人士，多是在减法之中平衡身心，从而获得成功的。

毕加索7岁学画，92岁去世，一生作品近4万幅，非常高产。8岁时，他就能画出拉斐尔般写实的油画，但到了晚年，他的作品就像孩子涂鸦，笔触抽象、简单，却神韵无穷。

他很喜欢画公牛，年轻时画的公牛有血有肉、雄壮有力，甚至连肌肉的结构、细小的牛毛都隐约可见。但是，随着年龄增长，他画的牛却越显筋骨，不见皮毛。到了80岁时，他画的牛只有寥寥几笔，看上去就像牛骨架立在那里，血肉、皮毛甚至连牛头都不复存在，但是所有人一眼就能看出这是一头雄壮好斗的公牛，简单到极致的轻松勾勒，却完美体现了公牛的神韵。

从简单到繁杂再到简单，在艺术中，毕加索完成了人生的蜕变。也因为一次次的蜕变，他的绘画才不局限于技法和理念，在各种流派中自由穿梭，在各种风格中变换无穷。

所以，古人说：“删繁就简三秋树，立异标新二月花。”只有减掉多余的、死气沉沉的累赘，才可能加入新鲜的、富有活力的东西。

现在，从身边开始，精简你的生活吧！

2.“断舍离”，获得幸福的最快方式

人生一世是否幸福，不在于你拥有多少，而取决于你的心得到了多大程度上的满足。一辈子很短，千万别被自己的贪欲所控制。而且很多事实告诉我们，如果一个人想要的太多，反而什么也得不到。

其实，人要有所得，必然会有所失，只有学会放弃，才能得到自己真正想要的。正如孟子所言：“鱼，我所欲也；熊掌，亦我所欲也。二者不可兼得，舍鱼而取熊掌者也。”在这里，我们不妨看看下面这个故事带给我们的启发。

有一个年轻人，自认为聪明绝顶，想在各个方面都超越别人，尤其想成为一个大学问家。很多年过去了，年轻人在社交、健身等方面都取得了进步，可是在学问上的长进却很有限。他觉得自己很努力，结果却不如意，为此他很苦恼。

于是，这个年轻人去向一位禅师请教。听完年轻人的诉说，大师说：“走，我们登山去，到了山顶你就明

白了。”

在通往山顶的路上，有很多漂亮的小石头，很是惹人喜爱。每当年轻人见到喜欢的石头，大师就让他装到一个袋子里背着，过了没多久，年轻人就抱怨说太沉了。终于，在走到半山腰的时候，年轻人对大师说：“师父，背着如此沉重的石头袋子，我感觉自己现在一步也迈不动了，也肯定爬不到山顶了。”

大师微微一笑，说：“该放下啦，背着石头怎么可以登上顶峰呢？”

听大师说完，年轻人先是一愣，转而恍然大悟，连声向大师道谢。在这之后，年轻人舍弃其他，一心做学问，结果进步飞快。

故事里的这个年轻人，想要在各个方面超过别人，最终却导致自己一无所长。究其原因，这是内心的贪念在作怪，一个人给自己施加的东西越多，越是举步维艰。

毫不夸张地说，现代社会是一个欲望疯长的社会。这种欲望，首先表现在物质上。在过去那个“供不应求”的物质匮乏年代，人们是因为得不到而不幸福，但是在当下这个时代，很多人不幸福的原因却是拥有太多，陷入取舍的困惑中。

现如今，市面上各种商品应有尽有，只要你想买绝对没有买不到的。但这带来的结果也是双重的：一方面让我们充分享受到现代生活的丰富多彩；另一方面导致我们家中的物品越来越多，包括衣服、家居用品、书籍、电子产品，还有玩具等。尽管如此，当我们在面对商场中琳琅满目的商品时，还是经不起贪欲的诱惑，买下更多并不需要的东西。在“浪费就是犯罪”的信念下，我们不舍得扔掉旧的，但却不断购买新的。久而久之，我们的家变成了旧货仓库，我们要想在这纷乱复杂的大堆物品中找到自己需要的那一个，变得极其不易。

都说“人之所以痛苦，在于追求错误的东西”，而现代人之所以疲惫，在于追求太多不需要的东西。此时，我们的生活应该开启一种全新的模式——“断舍离”的活法！

“断舍离”倡导的是一种新的生活理念，它由日本家政咨询师山下英子提出。所谓“断”，即不买、不收取不需要的东西；“舍”即处理掉堆放在家里没用的东西；“离”即舍弃对物质的迷恋，让自己处于宽敞舒适、自由自在的空间。

这一概念一经提出，迅速在社会上引起了强烈反响，这也从侧面反映出人们的生活的确需要一场“断舍离”的革命性整改，从而推动人们从对物品的过度关注，转向对需求的关注。人只有去追求自己真正需要的东西，才能在拥有之后获得真正的幸福感，这种拥有才是真正意义上的拥有。

“断舍离”，简单来说就是“放下”。对于“放下”这一概念，其实多数人并不陌生，佛教中就有很多关于“放下”的思想。这种所谓“放下”，并不是让你什么都不要，而是明白自己究竟要什么、要多少。这才是最重要的。

美国最胖的好莱坞影星利奥·罗斯顿，腰围6.2英尺，体重385磅。1936年，在一次演出中因心肌衰竭被紧急送往医院，因抢救无效而死亡。在临死之前，利奥·罗斯顿对在场的医生喃喃自语道：“你的身躯很庞大，但你的身体需要的仅仅是一颗心脏!”在场的医生们都被这句话深深地触动，甚至有人落下眼泪。

没错，对于我们的身体来说，最重要的是一颗跳动的心脏。而对于我们的人生来说，多余的财富会拖累心灵，对名利过度的追逐，也会成为生命的负担。人生苦短，我们要学会放下，学会做一个简单的自己。只有这样，我们才能够享受到简单人生的快乐。

3. 断——断绝对不需要事物的占有欲，不买，不收取不需要的东西

“习武者执于剑，博弈者执于棋”，你所贪恋的事物最容易成为你的心魔。有些东西看起来好像非有不可，当

太想要的时候，其精神重量就会增加，甚至占据我们生活的全部。有一天我们跋涉千山万水，终于获得之时，却发现它并不像我们想象的那么重要。

看广告，你会发现每个商家都在告诉我们——这件东西，你应该百分百地拥有。事实上，当我们将它买回家之后，就会有这样的念头：“哦，真糟糕，白花钱了。”“好吧，也许以后用得上。”但是，从此以后，它就一直在那里，直到有一天我们将它送人或者当作垃圾扔掉。

人对事物的占有欲，就像人想把世界掌握在手中一样，总是抱着极大的热情。事实上，我们掌握不了那么多东西。相反，东西太多反而会不断地掌控我们的生活。生活中的很多物件儿，只要它们存在于那里，就会时刻提醒我们：“嗨，我在这里!”也就是说，当我们占有一件物品时，同时我们也在被占有着。它们占有我们的金钱，占有我们的衣橱，占有我们的书房，最后占有我们的思维、意识甚至精神。或许，我们会因为多买的一颗钉子扎到脚丫，也可能因为贷款买的车子而不得不将想去旅游的目的地换了一个。那个最初想去的圣地，洗涤心灵的地方，成了自己的念想。

对待事物的占有欲，我们有两种方式：其一，适当地控制；其二，尽量去满足。而这两个截然相反的做法，会将我们的人生引向相反的方向。

美国作家亨利·戴维·梭罗曾经在瓦尔登湖畔搭建了一个小屋，与世隔绝生活了两年。在小木屋旁，梭罗开荒种地，春种秋收，自给自足。他在湖边垂钓，在船上吹笛，看两只蚂蚁打架，跟飞鸟聊天。每天他都会记录自己看上去简单，实际上却富足的生活。

他这样写道："我愿意深深地扎入生活，吮尽生活的骨髓，过得扎实、简单，把一切不属于生活的内容剔除得干净利落，把生活逼到绝处……让生活回归到简单、简单、再简单。"

因为断掉了物品的牵绊，梭罗才得以在瓦尔登湖做一个真正的自然之子，体会自然带来的无限美好，而后写出了《瓦尔登湖》这样超时代的作品。虽然早在19世纪大多数人仍在体会工业变革带来的快感，但是在100年之后，梭罗与瓦尔登湖成为人与自然最佳的融合样本。

所以，如果一个人不能断掉对不需要的事物的占有欲，就会在拥有所得中沾沾自喜，在占有中扩张自己的欲望，最终使自己成为外物的奴隶。

有一个国王，几十年来兢兢业业治理国家。直到王后去世，他把王位传给了儿子，自己在邻国找到一个幽静的山林，希望在此断掉俗务，颐养天年。

到了山林，他才发现山里的生活并不简单。每天为了果腹，他需要努力抓鱼、捕食猎物。但是，没有工具想要抓捕真是困难极了。于是，他去集市买了弓箭和渔网。果然，因为工具齐全及使用工具的技能日渐娴熟，国王获得的猎物数量与日俱增。越来越多的猎物和鱼虾，国王一个人拿回山洞实在太累。于是，他雇了几个人来帮他搬运猎物，并把吃不完的拿到集市卖掉。很快，这个捕猎队伍被长于治国的国王训练得技艺纯熟，财富与日俱增，经营范围逐渐扩大。

不出几年，国王的身边仆从如云，生活锦衣玉食，跟从前没什么两样了。他所在的小树林也改建成了一个风格低调、依山傍水、风景秀丽的山庄。

虽然国王一直很低调地经营，很多人却通过各种渠道慕名而来，登门拜访，甚至连邻国国王还到此游览一番。直到这个时候，国王才发现，自己归隐的初衷早就不复存在了。

每个人在特定时期都有自己的归属感。年老的国王只想放弃俗务，将自己放逐山林，体会生命的从容。狩猎队伍、与日俱增的财富、风景秀美的山庄都是他不需要的，当他拥有这些时，也就为此所累。所以，即使聪明如国王，占有也会让他沦为俗物的奴隶。

其实，每个人都知道，自己不需要的东西就是没用的垃圾而已，哪怕它价值连城。广厦千间，只住一屋；豪床万榻，只睡一张。每个人生活中的必需品并不多，多余的都是累赘。面对这些俗务，最好的方式就是摒弃。

当我们想拥有某件东西时，不妨跳出局外，冷静思考拥有它的意义及必要性。这样，我们才不会因为拥有而沾沾自喜，也不会因无所得而痛不欲生。也只有这样，我们的人生才不会被诸多不需要的事物占据，成为生命的负担和累赘。

4. 舍——舍弃生活中多余烦琐的东西，处理掉堆放在家里没用的

甘地曾经说："简单是宇宙的精髓。"宇宙如此，人生莫不是如此。人生之路上，谁选择了简单，谁就选择了智慧，谁也就离成功和幸福更近一些。

我们一贯的思维是，某样东西我们买下来，不管是否用得到，总是要堆积在家中，不舍得丢弃。通过这种对物质的占有，我们似乎得到了满足。但实际上，我们究竟是得到了还是失去了？

我认识一个刘女士，为方便周末和假期出游，购买了一辆汽车。其初衷是为了方便，当然也包含一定程度的炫耀之心。但在买车之后，她发现要操心很多事情，包括车

的养护、保险、加油、停车位，等等。遇到朋友借车，还担心被损害。花费在上面的时间和精力，已经远远超出她的预期。更重要的是，她发现自己和家人出游的次数并不多。

对于刘女士来说，车显然并不是必需品。表面上看，车是因为“方便出游”的需求而购买，而实际上，在买车之后，车带来了更多的麻烦。

其实，生活中的很多东西，看似我们在占有它们，实际我们早已沦落到“被占有”的境地。比如智能手机，我们为了满足沟通、上网、阅读、游戏等各种需求而购买，但在得到智能手机之后，我们大量的时间被手机占用，而这些时间原本可以用来做更有意义的事。

特别是一些家庭主妇，总是喜欢买一些以为用得到、实际却很少使用甚至从不使用的东西，比如为了一个免费的塑料饭盒，购买口味并不喜欢的方便面。这些东西堆积在家中，既占空间又让人看着很不舒服。

这样一来，人们的生活越来越丰富，但也越来越复杂。而事实上，越简单的人生，越充满智慧。

下面的这个故事，最能说明简单之中蕴含的智慧。

小鸟和老鹰是一对好朋友，它们都对未来充满期待。在太平洋东岸已经生活了很久的它们，决定飞到太平洋西岸寻找另一番天地。这个主意定下来后，它们俩就分头开始做准备，并且要比赛看谁先到达目的地。

老鹰算计了一下，认为从太平洋东岸飞到西岸大约需要半个月的时间。在这一路上，需要休息、吃饭、睡觉，所以一定要做充分的准备。为此，老鹰准备了四件东西：有一个大包裹，里面装满半个月的口粮；有一个大水壶，里面装满水；有一个小木筏，是用来休息的；有一个急救包，里面装有各种药品，用于不时之需。

老鹰对自己的准备很满意，可是，当它背起这些东西准备起飞时，却感到很吃力，试了几次都飞不起来。这时候，老鹰想扔掉一些东西，但它左看右看，觉得都是必须要带的。于是，老鹰陷入了一种取舍的痛苦与纠结之中。

但就在这时，小鸟已经出发了，它带上路的就只是一根小树枝。它想，累了就把小树枝放在海上，自己站在上面休息；饿了，就站在树枝上捕鱼；困了，就站在树枝上睡觉。

很快，半个月过去了，小鸟如期抵达太平洋西岸，被眼前的美景深深吸引，开启了一种全新的生活。而老鹰呢，还在老地方纠结着，痛苦着。

生活中的你，是故事里那只什么都想带的老鹰，还是那只轻装出发、简单生活的小鸟呢？其实，随着物质生活条件的提高，人们的眼睛和心灵正在被越来越多的东西所吸引。为此，我们眼花缭乱，已然分不清哪些是真正值得关注的，哪些是并不需要的。这导致我们的人生像是背上了沉重的龟壳，艰难地行走着。很多时候，我们的不成功往往并不是因为我们不够优秀，而是因为我们背负得太多，走得太慢，甚至走错了方向。

5. 离——远离对物质的迷恋，让自己处于自由舒适的状态

我们对待诱惑最好的方式就是，能离多远就离多远，不要和诱惑较劲。永远不要开始尝试诱惑，哪怕是看上去微乎其微的诱惑。因为，诱惑就像毒品，一旦有了第一次，一辈子就会被其蛊惑。

无论年纪大小、智商高低、手握重权还是势微言轻，诱惑面前人人平等。但是，一个人成就的大小，最终要看远离诱惑的自控力。

一颗糖就足以让小孩子变脸，哇哇大哭或者破涕为笑。对于成人来说，金钱、利益、权位、荣誉就像孩子眼中的糖。只是这些“糖”更加五光十色，芳香醇美，形式多样。沉迷其中，多数人都会失去本心。

为了权位，兄弟之间可以反目成仇；为了利益，朋友

之间可以背后插刀；为了金钱，救命之人可以恩将仇报，鸠占鹊巢。大凡为诱惑所吸引的人，人生戛然而止于被诱惑的那一刻。

佛教中有这样一个关于诱惑和人生的故事。

一个路人在野外走着，突然从前面冲出一头凶恶的大象。他大惊失色，慌不择路之间正好看到一个空井，井旁有棵大树，粗大的树根裸露在外。路人赶紧抓住树根藏身井中。

大象见路人瞬间没了踪迹，狂躁异常，来来回回地巡视着。路人长舒一口气，琢磨着怎么爬出井。这时他发现两只老鼠正啃着救命的树根。路人吓得心惊肉跳，胳膊和手又酸麻不已，低头一看，井中竟然有一条毒蛇向上张望着。

前有大象围追堵截，后有毒蛇虎视眈眈，而自己拽着的树根还在被两只老鼠啃噬。路人真是一筹莫展、进退两难。

就在他彷徨之际，树上落下几滴甘甜的蜂蜜，正掉其口中。饮着甘甜醇美的蜂蜜，路人一时竟忘掉自己的困境，满脑子想着再掉下一些蜂蜜就更好了。于是，他摇晃了一下树根，果然又从树上掉下几滴蜂蜜。

原来，树根已经被老鼠咬得松动了，导致树身倾斜。在路人的摇晃下，更多的蜂蜜从蜂巢溢出。见到蜂蜜掉下来，路人更加忘情愉快地吃起来，浑然忘记了自己身处险境。

随着蜂蜜的溢出，一群蜜蜂蜂拥而出。此时，树根被老鼠啃咬着，大象、毒蛇仍旧上下夹击，等待着即将到嘴的“猎物”。而路人呢，此时却沉浸在蜂蜜的甘甜中，不断地摇晃着岌岌可危的树根。

如同上面的大象、老鼠、毒蛇、蜜蜂一样，所有可以预见的危险和困境并不是真正的危险和困境。因为我们有了心理预警，可以做好措施免于伤害。真正的危险是蜂蜜，如同权力、名誉、金钱，它们看上去甘甜清香极具诱惑力，但是一旦我们沉浸其中，就会忘记了自己身处险境，做出饮鸩止渴的行为，最终毁掉救命之根，再也难以脱身。

这种情形在现实中屡见不鲜：一个小职员为一点儿私利而做出损害集体的事，当他日渐权重，诱惑带来的欲望会吸引他做出更大的损害集体的事，直到欲罢不能。直到有一天，警察来了，判决书下来了。所有的金钱、权力、荣誉、地位都成了泡沫。

哲学家叔本华说：“财富就像海水，饮得越多，渴得越厉害；名望实际上也是如此。”虽然我们身体并不需要，但是却渴望至极。所以，追求财富、名利、荣誉的人，从来不会因为获得而满足，只会因为没有获得更多而懊恼、丧气。

拿破仑从炮兵上尉开始自己的军事生涯。他凭借自己的天才，在一次次的胜利中，攻城略地，开疆拓土，最终成为法兰西第一帝国的缔造者。他拥有世人所追求的一切，荣耀、权力、财富、土地，可是他却对情人说：“我这一生，从来没有过一天快乐的日子。”

因为他所拥有的权力，并没有达到他想要的统治整个世界，所以即使他统治了整个法兰西也不快乐。在统治法兰西之后，拿破仑继续征伐，结果遭遇征伐生涯中最大的失败——滑铁卢之战。在这场战争中，他输得一无所有。战后，他的对手布鲁克参观他的宫殿时，这样说：“他拥有了这一切，还要征伐莫斯科，真是个十足的傻瓜。”

那些被诱惑所蛊动的人，并不是他们不能拒绝诱惑本身，而是觉得自己足够幸运、足够聪明，能够虎口拔牙，获得成功。如同拿破仑一样，他认为自己身经百战，攻无不克、战无不胜，却不曾料到，最终在站得最高的地方一落千丈。

坚守初心，精神宁静。海伦·凯勒虽然终身又瞎、又聋、又哑，却在书里表示：“我发现生命是这样的美好。”当我们在人生中找到最重要的东西时，那些诱惑就显得无足重轻了。这样我们才能不为外界诱惑所动，才能耐住寂寞，走得稳定踏实。

6. 不纠结于过去，只期待将来

不必纠结过去所得，也不必纠结过去所失。王尔德说：“每个圣人都有不可告人的过去，每个罪人都有洁白无瑕的未来。”即使一时的失败或者不幸又有什么呢？这并不妨碍我们继续前行的脚步。

每个人的内心都藏着一条“过去”的路，在那条路上，有人收获的是成功和喜悦，有人遭遇的却是失败和悲伤。其实，不管是辉煌还是惨淡，过去的已经过去，沾沾自喜也好，痛苦纠结也好，已经没有意义。纠结过去将浪费更多的时间和精力，阻碍我们去赢得一个更好的未来。

让我们来看看，下面这个农夫是怎么对待过去的。

有一个农夫，用扁担挑着货物去赶集。扁担一头悬挂着盛满绿豆汤的壶。走着走着，被一块石头给绊了一下，农夫跌倒在地，盛满绿豆汤的壶也摔得粉碎。农夫爬起来，看也不看一眼，继续前行。

不一会儿，有一个人急急忙忙地追上来，对农夫说：

"你怎么还走啊？你不知道你的壶破了吗？"

农夫说："我当然知道，我听见了它掉在地上的声音。"

"那你怎么不转身看看？"

"它已经破了，汤也流光了，你说我还能怎么样？"说完，农夫还是一副若无其事的样子，向前走去。

故事里的农夫，面对打碎的壶，没有任何的纠结，而是大步向前。这种不纠结于过去的精神，实在是让旁人惊讶和钦佩。其实，走在人生路上的我们，需要的不正是这样一种精神吗？《功夫熊猫》中有句话说得很好："Yesterday is history.（昨天已成历史）"是的，人不能活在过去，过去已经成为历史，纠结不如前行。

人生路上，谁能够一帆风顺呢？事业也好，情感也好，谁没有遭遇过挫折失败呢？面对这些不愉快的过去，只有学会坦然面对，伸手和这些灰色经历握手言和，才能真正接受过去，放下过去，从而轻装上阵，去开拓一个全新的未来。

过去并不见得那么美好，人也不可能十全十美。就算你执着地去寻找曾经的失去，也会发现一切早已物是人非。事实上，只要我们愿意，过去就会成为现在的基石，让我们因过去的沉淀而获得新生。我们在时间的母胎中，慢慢酝酿勾勒，在一次次的遭遇中慢慢刻画成自己的风骨。

没有人能挽留时间，只能在时间中慢慢蜕变。执着于那些或美好，或落败，或伤感，或幸福的过去，都只能让自己沦为过去的一部分，再也难有未来可言。而只有那些敢于与过去的不堪握手言和的人，才能够放下一切，轻装上阵，用坦然的心态去迎接更好的明天。

第七章

安全感，从来只有自己才给得了

1. 看待这个世界的方式决定了你的安全感需求

每个人需要的安全感量级是有区别的。由于每个人成长的环境和生活阅历不同，所以他们看世界的方式也不同，对安全感的需求自然就会有差异。就像有些人天生瘦小，但是食量惊人，有的人膀大腰圆，偏偏吃得很少。

“我是一个没有安全感的人”，类似的话似乎越来越多地出现在我们的耳边。那么到底什么才是安全感呢？百度百科中的解释为：安全感是对可能出现的对身体或心理的危险或风险的预感，以及个体在应对处事时的有力/无力感，主要表现为确定感和可控感。从心理学角度分析，安全感最早见于弗洛伊德精神分析的理论研究著作中。

在这个世界上，每个人都需要安全感。与此同时，现代人大都缺乏安全感。关于安全感，每个人的理解不同，获取的途径也各异。那些内心缺乏安全感的人，最常见的表现多为不自信，焦虑，患得患失，过于在乎他人的想法……

比如，很多情侣中的一方会因为内心缺少安全感而分手，而另一方却全然无感。正因为一个人无法感受到另一个人“安全感”的需要，所以很多时候“渴望安全感”甚至会变成“矫情”的代名词。其实不然，安全感强调的是个体感受，每个人都不一样。

有这样一个故事：一个男人上有老下有小，为照顾老人的生活起居，妻子只能在家做全职太太，他则负担赡养双方老人、供养子女的经济费用。这个男人每个月工资5000 元，再加 1000 元左右的兼职外快，这个家庭所有收入不足 7000 元，但他却完全没有别人眼中那种应该有的压力和痛苦，反而每天十分开心自在。

问及原因，原来多年前他和妻子在印度旅行，曾亲眼看到一位母亲拿着割肉刀割下孩子的手臂。不是因为疾病或是仇恨，只是因为要行乞，不然没有面包填饱肚子。他说：“以前在面对压力和困难时，我也曾退却，妻子也曾说没有安全感。但是归国以后，无论生活中面对什么样的苦难，我和妻子都觉得不算什么。”是的，还有什么能比割掉手臂换取面包更惨的事情吗？

安全感是人的基本心理需求。美国著名心理学家马斯洛将人的需求分为五个层次，生理需求、安全需求、社交需求、尊重需求、自我实现需求。在满足了最基本的生理层面后，安全需求是首要的需求。而安全感犹如幸福感与快乐的体验，千差万别。如果在一个爆炸接连不断、人身安全都不能保障的国家，一个人对安全感的需求更加急切。从那里归来的人，能安全地活着就能感到幸福。

不少人为了内心的安全感，拼命地占有物质财富，他们认为只有这样才能让自己感觉安全。

然而，是否占有的物质财富越多，安全感就会越强呢？

还记得渔夫和金鱼的故事吗？一个靠捕鱼为生的穷苦老汉，因为捕到一条神奇的金鱼，生活发生了一系列的改变。在老太婆不断的要求下，家里的旧木盆换成了新木盆，原本破旧的草房变成了砖瓦房，再变成城堡、宫殿。从此，穷苦的老太婆变成了超级贵妇，享尽奢侈与荣华，但她仍然不知满足，对小金鱼的要求更是得寸进尺。最后，小金鱼一怒之下，老太婆又变成了守着破草房与破木盆的穷老太婆。

相对于老太婆的贪得无厌，街头流浪汉们往往是只要吃饱便无欲无求。有很多流浪汉，他们醉心于自由自在的生活方式，虽然过着衣不蔽体、风餐露宿的日子，但内心却感到满足、快乐。而又有多少生活富裕的人，他们住着豪宅过着奢华的生活，内心却依然感到孤独不安。毫无疑问，这是一个值得深思的问题。

2. 不依赖，不盲目，做内心强大的自己

安全感的满足需要以物质为基础，然而当一个人将安全感完全寄托于身外之物时，将会使内心陷入更大的不安之中，甚至导致各种悲剧发生。

在这个安全感缺失的时代，每个人都在寻找安全感。很多人认为，安全感与物质有关，于是他们开始用物质来填充内心的安全。比如，有人认为拥有足够多的金钱就有安全感，于是他们拼命地挣钱；有人认为拥有一个大城市的户口就安全，于是他们为了一个户口不择手段、不惜代价；也有人认为拥有一套足够大的房子才安全，于是他们倾其所有，顶着每个月还巨额贷款的压力买了不必要的大房子。

从某种意义上来说，金钱、物质确实能够给人带来一定的安全感。然而，很多时候，当一个人的生命中除了金钱还是金钱时，他们内心获得的并不是安全感，反而是空虚与恐慌。

在热播剧《北京爱情故事》中，杨紫曦与吴狄分手。当吴狄质问杨紫曦为什么与自己分手时，她将新欢所购买

的奢侈品一件件摆在桌上。“因为，你给不了我这些名牌，你给不了我三元桥的房子，你给不了我北京户口，你给不了我春色撩人，就这么简单！”

追求“这么简单”物质的杨紫曦真的幸福了吗？因为父母离异，杨紫曦少年时的生活是在穷困中度过的，她始终感觉自己缺少安全感。成年后的杨紫曦一直认为，物质可以给自己带来足够强的安全感。然而，当真的得到物质上的满足后，她想象中的安全感并没有到来。最终，连最爱自己的吴狄，也一去不复返了。

有些女人天生缺乏安全感，所以她们总希望自己能够嫁个有钱的男人。其实，女人想嫁给有钱人，也无非为了不需要自己奋斗，就能够过上衣食无忧的生活。可是，女人们真的能够心安理得地享受这种不劳而获的好日子吗？当然不能。既然你的好日子是别人给你的，那么别人也有可能随时把它拿走。此时的你，也许早已人老珠黄，你又靠什么立足？所以说，一个人与其提心吊胆地过别人赠予的好日子，倒不如提升能力，强大内心，自己让自己过上好日子。

无独有偶，红极一时的《蜗居》也是描述了这样一个悲剧。海萍为追求一套安居的房子，终日与丈夫吵来吵去，平凡的日子被巨大的阴影笼罩着。为了达到这样一个能够带来安全感的目的，她牺牲的是平凡生活的快乐，甚至使妹妹海藻为之牺牲了终生的幸福。如果不是为解决海萍的烦恼，海藻何至于一步步走向宋思明的怀抱，进而沉沦，最终错失男友小贝？

其实，我们一直在追求的安全感，犹如流动着的空气，充盈着我们的身体与灵魂，当我们的精神足够充实、内心足够自信时，安全感自然会在我们的内心油然而生。

所以说，安全感并非寄托于身外之物，而是源于一个人的自我认同。比如，当两个人拥有同样多的物质财富时，自信的人往往会比自卑的人更具安全感。

那么，何为自我认同？所谓自我认同，即个体对“过去我”“现在我”“将来我”所产生的内在连续性，也是个体“现实自我”“真实自我”“理想自我”之间一致性关系的体现。概括来说，自我认同是自我意识的重要组成部分，是人区别于动物的显著特征。一个人只有建立了完善的自我认同，才能够知道“我”是谁，“我”在社会上应该居于什么地位。

总而言之，安全感并非建立在物质之上，而是源自我们的灵魂。当一个人对自己具有足够清楚的认识，当他的内心足够强大时，哪怕此人正处于山崩地裂的险境，他的内心也依然淡定、恬然，此时他的内心就是安全的，丝毫不被外物所动。

3. 这世界纷纷扰扰、喧喧闹闹，千万别弄丢了自己

人生最大的悲哀就是在追求所谓成功、幸福等理想的过程中迷失了自己。因为，一旦我们弄丢了自己，即使拥有了全世界，我们的内心依然缺少安全感。而一个缺少安全感的人，又有何快乐、幸福可言呢！

“输了你，赢了世界又如何？”想必很多人都听过这句话。这句话仿佛是失去了爱情便失去了全世界。然而在现实中，我们必须要明白，爱自己比爱他人更重要。如果一个人不小心弄丢了自己，即使得到了整个世界，其内心依然缺少安全感。

《射雕英雄传》中的欧阳锋大概无人不晓，名震一方、武功了得的他可谓独步武林。然而，欧阳锋为了追求更高的武功《九阴真经》，最终中了黄蓉的计谋，变得神志不清。曾经的风光不再，欧阳锋在走火入魔时不断地追问自己：“我到底是谁？”

“我到底是谁？”当一个人连自己都不认识的时候，又何来安全感？这样的例子似乎在故意夸大。其实，在现实中因为执迷不悟而丢失自我的例子比比皆是。比如，有人

为爱情而活，将心灵的寄托全然放在爱人身上，一旦爱人离去，便万念俱灰。也有人一味地追求金钱财富，并不断放大物质带来的安全感，使自己在纸醉金迷中失去本真的自我。

江苏省一局长朱某因贪腐落马。对此，他给出的解释是“穷怕了”。因为小时候家境贫寒，养成了过于看重钱的“毛病”。受贿500多万元的他，又非常吝啬，为了省汽油钱，坐公交下乡买豆腐，平时穿着也不讲究，都是掉色破损的旧衣裳。近乎葛朗台式的贪官，在不断积累财富和权力的过程中，渐渐忘记了原本出身贫寒的自己到底是谁。

在日常生活中，我们经常会看到一些人，由于受早年生活或某种特殊经历的影响，总感觉自己内心缺少安全感，于是他们开始把安全感寄托于物质、金钱、友情、爱情等外物之上。正如朱某，小时候的贫寒经历，导致他对“贫穷”产生了惧怕、恐慌感，并最终留下了“看重金钱”的后遗症。

古往今来，因物欲的贪婪而迷失自我的例子不胜枚举。很多人以为，当自己拥有足够多的物质时，就会在内心建立起强大的安全感。然而，并非一个人得到越多就越有安全感，有时候反而变成负担。比如，当一个人得到心仪已久的东西时，其内心往往会更缺少安全感。因为害怕失去，所以他生命中的每一分钟都是在惴惴不安中度过，其内心自然无安全感可言。

有一对贫穷夫妇，靠捡破烂为生。日出而作，日落而息，晚上对着月亮唱歌，累了便倒头睡觉，日子平淡而快乐。相反，住在对门的富商每天忙忙碌碌，到了晚上还要核对账目，为催债和欠款而发愁。他很羡慕也很纳闷，对面的穷苦夫妇为什么那么快乐？

富商的伙计说，想要他们不快乐我有办法。于是，这个小伙计在富商的授意下，悄悄地在穷人家放了一罐金子。果然，第二天富商没有听到他们愉快的歌唱。

原来，这对贫穷的夫妇因为突然捡到一罐金子，而变得惴惴不安。如果花出去舍不得；投资做生意吧，又怕亏损；放在家里吧，又觉得不够安全，担心会被人偷走……于是烦恼由此而起，再也快乐不起来了。

很多时候，一个人内心的贪念就像不断充气的气球，越来越膨胀。当这个气球饱胀到一定的程度时，必然会爆炸。而这个时候，人内心的信仰将会无所依存，并最终在毫无依托中迷失方向，丢失自我。

总之，自我迷失是一件很常见的事情，甚至我们会在很小的一些事情中迷失自我。不过，人生中的各种局面都具有可扭转性，即便你真的迷失了自我，也并不说明你的人生就从此与快乐、成功无缘。要知道，人的潜能是无限的，只要你能够积极调整心态，修正内心消极而错误的观念，让自己在正确的方向上持续前行，总有一天，你将会重拾迷失的自我，使自己失而复得的人生更绚丽、更精彩。

4. 用无所畏惧的精神，过随遇而安的生活

人生就像一场旅行，我们不知道路上会遇到什么糟糕或美好的事情，我们所能做的就是顺其自然。《少年派的奇幻漂流》的作者扬·马特尔曾说：“无论生活以怎样的方式向你走来，你都必须接受它，尽可能地享受它。”

人生路上，充满了各种的变幻莫测，有此一时的一帆风顺，也有彼一时的一路坎坷，所以，我们要学会随遇而安，学会用一种淡然的心境去面对人生。

关于随遇而安，有这样一个极富哲理的小故事：

很久之前，在一个寺庙里，住着一个老和尚和一个小和尚。有一天，小和尚指着寺庙里一片枯黄的草地对师父说：“您看，这些草又枯又黄，太难看了，应该再种些花为好。”老和尚面不改色地说：“随时。”

有一天，老和尚给了小和尚一些花种，让他去种到院子里。小和尚接过师父的花种，正开心地往外走，却被门槛绊了一下，一下摔倒在地，花种也洒落一地。于是，小和尚赶紧拿来一个扫把，正要扫，却突然刮起一阵大风，种子被风吹走了很多。这时，小和尚大喊：“不好啦，不

好啦，种子都被风吹走了！”老和尚说：“没关系，被风吹走的大都是空种子，即便种上也不会发芽的。”还意味深长地对小和尚说：“随性！”

小和尚把剩余的种子都种上了，可是刚种好，一群小鸟就不停地啄着。小和尚急得抓耳挠腮，对师父说：“天呐，种子要被小鸟吃完了！”老和尚却说：“没关系，随遇！”

这一天夜里，突然下起大雨，次日一早，小和尚赶紧去看播种的草地，发现已经被大雨冲得面目全非，小和尚一边往禅房走一边大喊：“师父，不好啦，种子都被暴雨冲走了！”老和尚却微笑着说：“没关系，冲到哪里就长到哪里，随缘！”

一个星期后，原本荒芜光秃的地面，长出一片片翠绿色的小苗。就连那些原本没有播种的角落，也泛出丝丝绿意。小和尚兴奋地向师父报告喜讯，老和尚点头应道：“随喜！”

这个小故事告诉我们，人要学会豁达地面对生活，不因为一点风吹草动就惊慌失色，不因为一点坎坷波折就自怨自艾。人生是一场未知的旅途，每个人在自己的人生路上都会遭遇各种的始料不及，但我们最好的选择就是接受它、爱上它，因为一切都是最好的安排。

苏轼在一生中数次被贬，可谓坎坷，但他都能做到随遇而安。

公元1094年，即宋哲宗绍圣元年，58岁的苏轼被贬惠州。但是，骨子里的乐观仍然驱使着苏轼去寻找生活的乐趣。

在惠州，苏轼没有专门的官邸，听说东弥陀寺后面有座松风亭，风景不错，就准备去游玩一番。可是，毕竟是快要60岁的人了，走着走着，苏轼就感觉体力不支了。他很想找个地方歇歇脚，但一眼望去，觉得前方的松风亭才是最好的歇脚处。不过，松风亭还在远处，这可怎么办呢？

苏轼陷入了犹豫之中，他想继续走，赶紧去一览松风亭的美景，但体力却在抗议，急需休息。正在他感到进退两难时，一个想法突然出现在脑海："此间有什么歇不得？"心里想通了，瞬间就释然了，于是就干脆坐在地上惬意地看起风景来。

其实，在此次被贬之前，苏轼因为"乌台诗案"被贬黄州，在抵达黄州时，他还处在一个舔舐伤口的阶段，但就是在这种心境下，当他看到温柔的月光投射进窗子时，禁不住披衣起床，走进月光的怀抱，写下了"庭下如积水空明，水中藻荇交横，盖竹柏影也"。

随遇而安，哪怕陷入冷清的夜晚，你一样可以发现内心的风景。不管人生遇到怎样的坎坷，我们都应该学会珍惜当下，人生何处没有风景呢？只要我们懂得发现，只要我们有一颗随遇而安的心，走到哪里都能发现人生最好的风景，正所谓"失之东隅，收之桑榆"。

或许这并不容易做到，但仍然值得我们下定决心去努力，只有试过你才能知道自己能不能。随遇而安是一种淡定成熟的心境，是一个心理强大的人面对人生变故做出的最从容明智的选择，是一个人探索自我世界的最好途径。

第八章

让将来的你，感谢现在拼命的自己

1. 不设限的人生，才能活得漂亮

人生的美好就在于不设限，只有冲破自我限制，让自己心中隐藏的“小宇宙”充分爆发出来，你才能够实现任何可能的目标。

我们身边有很多人，总在现实对自己做出判决前就对自己预判了“死刑”。比如，“我身高不足，肯定没法儿站在篮球场上和别人角逐”，“我五音不全，怎么能站在台上唱歌”，“我没有一个能够拿出来可拼的‘爹’，即使再努力也白搭”……难道真的就没法冲破现实的魔咒、触摸理想的巅峰吗？

当那个驰骋 NBA 球场 14 年，身高只有 1.6 米的蒂尼·博格斯出现时；当那个被众人嘲笑为五音不全的毛头小子周杰伦站在舞台上大放异彩，各种奖项拿到手软时；当草根青年黄渤、王宝强凭借自己的韧劲而成为著名影星时，是否还有人真的怀疑自己，这辈子只能画地为牢、庸庸碌碌地生活？

其实，很多时候你没有别人成功，并不是他们比你强，而是你限制了自己。因为自我设限，我们相信无论多么努力，始终都不能冲脱命运的牢笼，我们从根本上否定自己的潜能，放弃继续前进的可能。说到这里，不由得想起一个很久以前听到的故事。

在美国，曾经没有人相信一个黑人能够有多出色。这样一来，很多黑人从小便在心里认定，自己与白人不一样，自己不论多努力，也只能是卑劣和下贱的代名词。一个叫比尔的黑人小孩就是这样，他很苦恼但无能为力，他只能接受一切让他看起来很卑微的现实。

有一天，比尔来到热闹的街头，看到大街上人来人往，热闹非凡，却很少有人向他投来一丝温暖的目光。不远处一群小孩正在围着一个卖气球的小贩，他们争相向那个小贩购买各色气球。其实，这样的场景比尔见过很多次，但他终究没有勇气凑过去，因为那些白人小孩很不喜欢他。

这个贩卖气球的小贩也留意到了不远处的比尔，只是一直没有找到什么合适的开场白。这一天，小贩又像往常一样，因为生意萧条，就向天空放飞了几个气球，这样就能吸引附近玩耍的孩子们，他的生意也会随之变得好起来。看到那些气球越飞越高，小贩又看到了驻足在不远处的比尔，他用疑惑的眼神望向天空。小贩很想知道，这个黑黑的小家伙究竟在想什么，于是便顺着比尔的视线看去，原来，在那些放飞的气球里，有一只黑色的气球飞得很高，甚至超越了其他彩色的气球。

小贩知道了比尔的困惑，走过去，摸了摸他的头说："小伙子，黑色气球也能飞得很高噢，你要相信这一点，因为它能不能起飞，不在于它是什么颜色，而是看它心中有没有想飞的那口气，如果气息足够，那么它就一定会飞向天空。"

这一刻，比尔非常开心，因为他知道黑色也一样有冲破云天的可能，只要他自己愿意。

在每个人的成长历程中，或多或少都会出现自我设限的情形，这让你看起来像个懦夫，你不敢去想，更不敢去做，只因为内心有个声音在不停地告诉你——我不行，我自卑，我害羞……很多时候，自我设限就像一条长长的锁链，让人无法挣脱，甘愿背负着过去由经验而来的枷锁生活，不断地扼杀自己的潜力和欲望，甘愿一直懦弱、卑微地活着，起码不会遭到更大的伤害或者失败。

美国总统罗斯福曾经说："没有你的同意，没有人可以让你觉得低人一等。"你完全可以掌控自己的命运，重新规划自己的人生，不必拘泥于自己曾经的经验。

马歇尔·菲尔德出生在一个农民家庭，为使马歇尔走出农门，父亲把他送到一个朋友的店里做帮工。有一次，父亲路过朋友的店面时，顺便进去看看儿子。父亲和朋友寒暄道："我儿子怎么样？"朋友笑了笑说："我们都是老朋友了，我得实话实说，虽然他稳重、诚实，我也很喜欢他，但是他继续待在我的店里，也很难成为一个商人。因为他完全没有经商的潜质，我认为你最好把他带回去，也许让他学学如何挤奶更合适。"

站在一旁招待顾客的马歇尔，听到了老板与父亲的谈话，但他一言不发，只是默默做着手头的工作。马歇尔不认为自己只能跟父亲挤奶，他想成为一个成功的商人。在他内心里已经有了一个决定，他打算离开这个店铺，到别处试试。

不久之后，马歇尔来到芝加哥。数年以前，这里不过是一个以印第安人为主的贸易村，而如今却成了一座新兴的城市。这个城市快速的发展，也让很多原来贫穷的年轻人都成了富人，所以马歇尔也想在这里大干一场。每天他都在自问："如果别人能完成这些精彩的事情，我为什么就不能呢？"

果然，马歇尔成功了。在美国内战期间，马歇尔在芝加哥创立了自己的百货公司，遍布全美有 700 多家门店。据估计，马歇尔所拥有的财富值相当于今天的 661 亿美元，2010 年，马歇尔在福布斯世界十大富豪榜排名第七。

如果马歇尔听信了那位前辈的断言，并以此为限，那么他估计只能像父亲一样，做个勤勤恳恳的农民。然而，马歇尔并不相信所谓的经验和人生律条，而是以必胜的信心去努力，并用成功的事实打破了他人对自己人生的估测及限定。

西方有句谚语说："每个人的心中都隐伏着一头雄狮。"马歇尔正是突破了自我限制，唤醒了心中的雄狮，所以才爆发出了惊人的潜质，最终成功打造出自己的商业帝国。

马歇尔百货直到今天都挂着这样一条座右铭："要蔑视一切障碍，要不达完美誓不罢休。"马歇尔用自己的亲身经历验证了它的可信度，你还有理由怀疑吗？

从现在起，放弃自我限制，保持不达目的誓不罢休的心态，努力去实现自己的梦想，相信只要你有一颗追梦的心，就一定可以梦想成真。

2. 只会空想而不行动，就会永远在原地踏步

人生最可怕的不是因尝试而失败，而是因害怕而整日无所事事。不去做，再伟大的梦想也只能是空想。"晚上想了千条路，白天起床依旧走原路。"不去尝试，你就注

定会失败。

面对梦想，我们缺乏什么？正是不断尝试的勇气。也许，你总在给你自己规划一条又一条通往梦想的道路，构思着一个又一个完美的计划，但始终没有下定决心去行动。如果一个人怠于行动，再多的创意也只是空想，再多的出路也等于没路。只有勇于尝试和实践的人，才能让梦想照进现实。

当然，那些不敢蹚水过河的人，多半是害怕失败的人。其实，你尝试的结果未必就是失败，即使失败了，也并非没有价值，因为每一次尝试都是为将来的成功做铺垫。若没人敢于尝试，有谁会想到螃蟹可以当作美食享用？可以说，尝试是一种胆量，更是一个人挑战新事物的勇气。很多时候，一个人正因为有了它，才能把事情做得更好、更出色。

在众人眼中，马云是一个普通得不能再普通的人。他身高一般，相貌普通，资质平庸，经历三次高考才勉强凭借外语优势挤进大学读书。

按说，马云毕业后能成为一个大学讲师，已经是很好的事情了。然而，1995 年，互联网在中国大地上悄然兴起，这让身处“象牙塔”任教的马云内心升起了一丝涟漪。马云总感觉互联网有一天会改变人们的生活方式，但具体会带来哪些变革，他自己也不清楚，估计当年很多专业人士也并不十分清楚。想来想去，马云还是放不下互联网这个新生事物，隐隐约约地感觉到，这就是他将来最想干的事情。

为实现梦想，他叫上当时能够联系到的朋友，一共 24 人，在他的家里开了一个小会，议题就只有一个，他想从大学辞职，做有关互联网的事情。不管他如何解释、说服，最终举手表决的情况是：23 人反对，仅有 1 人赞成。会议“圆满”结束，而他心里的激动却没有停止。

经过一夜的思考，第二天早上起来，他还是做出了决定，辞职去实现自己的梦想。当时他心里的忐忑是有的，但今天回过头来看，他的确是成功了，而且非常成功。

正是在梦想的支撑下，马云有足够的勇气做出辞职的决定。也正是因为他敢于尝试自己内心的想法，才赢得最终的胜利。如今他站在互联网行业的制高点，底气十足地说：“今天回过来想，我看见很多游学的年轻人是晚上想想千条路，早上起来走原路。晚上出门之前说明天我将干这个事，第二天早上仍旧走自己原来的路线。如果你不去采取行动，不给自己的梦想一个实践的机会，你永远没有机会。”

虽然并不是每个人都能成为马云，但是为什么不朝着梦想的方向努力一把呢？也许你不能成为中国首富，若一不小心做个全省、全市、全县哪怕是全村首富也不错。人生就是这般，没有梦想的人注定庸庸碌碌。有梦想，但不敢去尝试的人，注定浑浑噩噩。只有那些敢于把任何失败都踩在脚下的实践者，才能成为最后的赢家。

皮尔·卡丹出生在意大利这个富有艺术感的国度，然而不幸的是，他的生活未能与艺术沾边，他的父亲仅是一个靠出卖生活用水为生的农民。家境的贫寒，让他从小就被人取笑。由于过早体会到贫穷带来的艰辛与屈辱，他立志要改变自己的人生。

为改变生活处境，他一次又一次地为自己设定梦想。起初，他曾梦想自己将来能成为一名出色的舞蹈家，于是他贸然退学，到法国巴黎学习舞蹈。皮尔·卡丹没想到，学习舞蹈的费用昂贵至极，而他连在这个城市里生存下去都成问题。不得已，他只能凭借从父母那里学到的一点裁缝技术，在一家裁缝店找了一份工作糊口。

梦想受挫的他，一度想到结束自己的生命。后来，他有幸认识了被称为“芭蕾音乐之父”的布德里先生。在布德里的开导下，皮尔·卡丹放弃了自杀的念头，并且重新找到了自己的努力方向。看来，舞蹈的梦想是不行了，他只能在裁缝这一行努力了。也正因为他的多次尝试，并选对了努力的方向，这不仅让他成为当今世界最有名的“裁缝”，而且还拥有了令人瞩目的亿万财富。

每个人的面前都有千百个机会、千百条通往成功的道路，究竟哪个才能最终成就你？其实谁也不知道，关键是要有敢于尝试的勇气。就如英国思想家培根所说的：“如果问人生最重要的才能是什么，那么回答是：第一，无所畏惧；第二，无所畏惧；第三，还是无所畏惧。”在实现梦想的道路上，只要不畏失败，不患得患失，勇于尝试每一个有可能成功的机会，那么，实现梦想就是早晚的事。

3. 希望你有一腔孤勇和爱，不惧不畏

一个人要想有所作为，就一定要清楚自己热爱什么，并坚持做自己热爱的事情。你只需耕耘，不必问收获，时间会给出最好的答案。

世人在回首往事时，总会发现自己其实已经放弃了当初的梦想，开始随波逐流，这时候还要堂而皇之给自己找一个放弃的理由，那就是为了生活。不可否认，很多时候我们都被生活“潜规则”了，为了生活不得不选择自己不喜欢的事情来做。然而，为了梦想，我们可以委屈一时，又何必委屈一辈子？

人生只有一次，何不去做自己喜欢的事情？因为喜欢，才可以不计成本地付出，因为喜欢，才可以不畏失败、坚

持到底。人在年轻时虽然不容易体会到什么是生活的真谛，却能体会到坚持是一件多么辛苦却美好的事情。有人曾说，世界上所有的坚持，都是因为喜欢。

比尔·盖茨曾说：“如果你们仅仅是因为这里的薪水而来到这里，就算你有天大的本事，微软也不会留你。来这里上班的人，必须是对这个职业有着像火山爆发一样的热情。”真心热爱你的梦想，并把它变为你的工作，这对于你未来的成长具有决定性的作用。因为喜欢，你会义无反顾地坚持下去。因为热爱，你更清楚自己最想要的是什么。

有时，命运是强大的，它可以让每个人追求梦想的旅途充满困难和艰辛。不过，命运也是弱小的，它无法决定人生的最终结果，因为所有的结果都取决于我们如何做。这正如一句话所说：“既然选择了远方，便只顾风雨兼程。成不成功，一切交给时间，它会给你最好的答案。”

4. 用每分每秒的努力，成就独一无二的梦想

梦想不是心血来潮，而是需要我们每天、每小时、每分钟、每秒钟都付出真切的努力，如果坚持每天持续不断

地积累，相信不知不觉你的梦想就变成了现实。

很多人都把自己多路出兵、路路惨败归结为事情太难，自己太笨，事实上，人世间真正需要天赋的东西并不太多。比如说英语吧，很多人都喜欢说自己没有语言方面的天分，也有人埋怨自己记性不好。事实果真如此吗？

众所周知，世界上最难学的语言就是我们的汉语。那么，为什么我们能学好汉语却学不好相对简单的英语呢？就在于汉语是我们的母语，我们从小就说、就写，日积月累，不知不觉就会了。而英语，一来不是我们的母语；二来很多人往往抱着今天学、明天就想用的态度，不愿意投入太长的时间去积累。再比如说写作、绘画等需要天赋的领域，其实也离不开持之以恒的精神。福楼拜说过：“天才，无非是长久的忍耐！”我们不过是缺了点持之以恒的精神而已。

从前有一个人，病得着实厉害。良医诊断了一下，说需经常吃一种野鸡肉便可以治愈。而这位病人买了一只野鸡，吃完之后，便不再吃了。医生后来见到他了，便问：“你的病好了没有？”这位病人答道：“大夫您先前叫我常吃野鸡肉，而野鸡肉都是一样的，所以当时吃完一只之后，便不再吃了。”医生又说：“若是吃完了一只，为什么不继续吃下去呢？你现在只吃了一只野鸡，如何能治愈呢？”

这个病人显然不知道“病来如山倒，病去如抽丝”的道理，更不知道很多药物都得按疗程服用才能达到效果。现实生活中有很多这样的患者。

梦想成真就是不断地吃野鸡肉。任何人的成功都不可能立竿见影，更不可能一步到位。成功不过是持续做简单而相同的事，只是这个持续的过程非常漫长，或许是一年，或许是十年，甚至漫长得让很多人想想都觉得痛苦，更别说坚持下去了。

曾经听说过一个抱猪上山的故事：很久以前，有一个少年慕名来到少林寺，立志学习盖世武功。但方丈看了看他，并没有教他武功，只是要他每天去山上放猪，并且规定他每天清晨得抱着小猪上山，晚上再把小猪抱回来，而且不准他在途中把猪放下。少年心里不满，但一想这可能是师父在考验他是不是真心求学，也就照着做了。2 年多的时间里，他就这样每天抱着猪上山下山。突然有一天，师父对他说："今天你不必抱猪了，自己上去看看吧！"少年空着手向山上走去，觉得身轻如燕，似乎进入了某种高手的境界。原来那头"小猪"在 2 年多的时间里，早已从几斤长到了 200 多斤！

抱一头几斤重的小猪上山，对谁来说都不是什么难事，难的是日复一日地坚持下去。虽然这只是一个寓言，不一定具备可行性，但水滴石穿、绳锯木断的道理总不会有错。就让我们从明天起，做一个坚持的人，抱着自己生命中的小猪，用心，用耐力，用坚持，抱着它一路前行，总有一天我们也会练成绝世高手。

清朝有位秀才为自己的表兄写过这样一篇墓志铭：吾表兄，年四十余。始从文，连考三年而不中。遂习武，练武场上发一矢，中鼓吏，逐之出。改学医，自撰一良方，服之，卒。翻译过来就是说：我的表哥，活了四十多岁。一开始是从文的，连续考了三年都不中。于是就改习武，在练武场上射了一箭，射中了敲鼓的考官，被赶了出来。又改学医，自己写了一个药方子，吃过以后，死了。

现实生活中，像“表兄”这样的人不在少数。客观地说，这也没什么不好，毕竟“树挪死，人挪活”，对于那些入错了行的人来说，赶紧跳出圈外，找到一份真正适合自己的事业尤为关键。但是像上述故事中的表兄那样，即使没有“吃错药”，他又能做成什么事呢？

所谓“有志之人立长志，无志之人常立志”，有些人就像那位“表兄”一样，每每心血来潮便开始学这学那，而且初学时总是雄心勃勃，誓要成为世界级高手，开始的时候也往往很刻苦、很认真，但几天下来未见成效，便开始心灰意冷，故伎重演，向另一领域进军。如此三天打鱼两天晒网，数年光阴一无所成成为一种必然。

5. 即使撞得头破血流，也不会停下前进的脚步

只要心存梦想，并为之不停地努力，即使再平凡的你，也有可能变得不平凡。不足的先天优势就好比一片贫瘠的土地，上面能否盛开希望之花，完全取决于你如何去耕耘和照料。

我们在很小的时候，就懂得先天优势对一个人极其重要。比如，一个个子矮的孩子总是羡慕那些个子高的，因为他们伸手就可以摘到门前杏树上可口的果实。然而，每个人的先天成长环境各不相同，有好有坏，有富贵有贫穷，有苦难有幸福。谁规定贫瘠的土地就开不出美丽的鲜花？所以，并不排除他们日后调换角色的可能。

那些天山之巅的雪莲，生长在极寒、极恶劣的自然环境之下，丝毫没有畏惧，生长旺盛，且花姿卓然，成为人们心中圣洁的象征，更用自己独特的药用价值展现生命的全部意义。你还在抱怨自己生不逢时、天资拙劣吗？虽然你无法改变出生，却可以改变命运。在此之前，你只需要不否认、不辩解，坦然面对并接受这一切就可以了。

林肯是美国历史上著名的总统之一，但他的出生并不高贵。父亲是一个普通的鞋匠，既没有雄厚的财力，也没有显赫的家世。林肯只有靠自己的才华及不懈努力。

由于林肯出身贫寒，那些出身名门的议员们自恃身份高贵，总是在不停地挖苦、讥讽他。有一次，林肯正在参议院演说，一位参议员毫不留情地说："我听说你有个修鞋的父亲，所以在开始演讲前，我希望你不要忘了你是鞋匠儿子的事实。"

面对如此无礼的讽刺，林肯没有愤怒，也没有气馁，而是大声答道："我从来没有忘记我的父亲，尽管他已经过世，我也要感谢您让我在这么重大的场合还可以缅怀我的父亲。我的父亲是一个出色的鞋匠，我希望自己做总统也能像父亲做鞋匠做得那么好。"

整个参议院陷入一片寂静，林肯转过身来恭敬地对先前那位无礼、傲慢的参议员说："我父亲曾经也给您的家人做过鞋子，如果有朝一日您觉得鞋子出了问题，我可以效劳，帮你修好它。虽然我不是伟大的鞋匠，但我从小就跟父亲学到了做鞋子的技术。"

参议院里再也没有一点杂音，只有林肯自己激动地站在演讲席上，想到父亲让他热泪盈眶。片刻之后，他的四周响起了雷鸣般的掌声，所有的质疑和嘲笑都不攻自破。后来，林肯也如愿以偿地当上了美国总统。

虽然出身卑微的事实无法改变，但林肯却没有妄自菲薄。正是因为林肯认识到自己的先天不足，才更让他下定决心通过后天的努力来弥补。

任何人都不应该因为自己的先天不足，而停止对梦想的追求。梦想还是要有的，万一实现了呢？毕竟这世上谁也没规定，平凡的人不可以拥有梦想，平凡的人不可以逆袭，平凡的人成就不了伟业。

奥地利生物学家罗伯特·巴雷尼，在幼年时因患病而残疾。当时的他认为自己是被上帝抛弃的孩子，在极度绝望中，他曾想过一死了之。当妈妈知道他的想法后，心痛至极。但妈妈并没有在他面前表现出自己的痛苦，而是平静地对他说："孩子，上帝总是很公平的，他造就了你这方面的优点，就一定会造就你那方面的缺点。虽然你的双腿残疾了，但那只是上帝跟你开的一个小小的玩笑，相信他一定会在其他方面补偿你的。"

听了妈妈的话，小罗伯特内心受到极大的鼓舞，虽然他失去了双腿，但他还有聪明的头脑。于是，罗伯特开始发奋读书，完全忘记了身体的残疾。若干年后，他以优秀的成绩考入维也纳大学医学院，致力于耳科神经学的研究，并最终取得了举世瞩目的成就。

世界上四肢健全、头脑聪明的人很多，但是能够获得巴雷尼那样成就的人却很少，这是为什么呢？大多数人在追寻和实现梦想的过程中缺少两样东西——永不服输的精神与坚忍不拔的毅力。他们总是日复一日地碌碌无为，喜欢在等待中坐失良机，在抱怨上帝不公没能给自己出色的容貌、优秀的才能中，蹉跎了岁月，虚耗了光阴，最终梦想在他们面前戛然而止。

有人曾说：“没有种不出作物的土地，只是撒了不适合的种子。”的确，残缺、不够优秀、出身贫寒，所有的一切都不能成为你放弃梦想的理由。成功的关键就在于，如何看待你自己及所处的境遇。当初，霍金罹患绝症，几乎不能动不能说，却从未放弃探索宇宙的奥秘，奥斯特洛夫斯基全身瘫痪、双目失明，却创作出了最为励志的《钢铁是怎样炼成的》。

还有很多优秀的人，在用他们独特的成功告诉所有人，只要怀揣梦想和希望，不看轻自己，不向命运妥协，更不轻言放弃，即使你是一个不完整的人，也一样可以拥有圆满的事业。世上之事，没有绝对的可能，也没有绝对的不可能，奋斗可以改变一切。先天不足，可以后天来补，再贫瘠的土地都会开出希望的花儿。

6. 努力到无以复加，幸运随之而来

一个人只有相信未来，才会拥有未来。因为只有当一个人满怀希望和梦想，才会放下包袱，不断前行，不断进取。世界上没有算命预测术，如果有那最好的算命先生就是你自己，对于未来，只有你自己才最有发言权。

罗曼·罗兰在《米开朗琪罗》中说："世界上只有一种真正的英雄主义，那就是在认清生活真相之后依然热爱生活。"在现实生活中，很多人看清生活真相之后就开始万念俱灰，失去了追梦的勇气，陷入浑浑噩噩的平庸之中。

对很多成年人来说，梦想只是自己骗自己的把戏，那些梦想只是镜中花、水中月，可望而不可即。这种貌似沧桑而富有哲理的话，基本上大都出于对未来的胆怯，不仅误导了自己，而且误导了后来人。事实上，未来之于每个人，都是梦想的开始，而不是终止。

记得美国著名女作家海伦·凯勒曾说："人生最大的灾难，不在于过去的创伤，而在于把未来放弃。"人生就是一次旅行，因为热爱和喜欢，才能不畏前途曲折而一直

坚持走下去。那些不放弃未来的人，即便仅有一线希望，他们也会加倍拼命向前。

约翰·戈达德出生在美国西部乡村，父母是地地道道的农民。虽家境贫寒，但戈达德却是一个有梦想的少年。当戈达德15岁时，他为自己列出了一份梦想清单——《一生的志愿》。这里包括了他大大小小127个目标。比如，他想到尼罗河、亚马孙河和刚果河探险；他想登上珠穆朗玛峰、乞力马扎罗山和麦金利峰；他想驾驭大象、骆驼、鸵鸟和野马；他想探访马可·波罗和亚历山大一世走过的道路；主演一部《人猿泰山》那样的电影；他想驾驶飞行器起飞降落；他想读完莎士比亚、柏拉图和亚里士多德的著作；他想谱一首乐曲；他想写一本书；他想拥有一项发明专利……

这些大大小小的愿望就是他的梦想，在未来的日子中，他相信自己的梦想，并坚信凭借自己的努力可以让这些梦想变为现实。然而，周围的人却不当回事，他们只是把这当作一个笑话来看，觉得这是一个穷孩子的白日梦，他的未来更应该在田地里劳作。

然而，戈达德不畏艰险，不惧世人的冷言，开启了自己追梦的航程。经过四十多年的努力，戈达德实现了多少梦想呢？当他再拿出愿望清单对比时，发现已经实现了其中的110个愿望。他把一个个近乎空想的夙愿，变成了一个个活生生的现实，也因此一次次地品味到了搏击与成功的喜悦，使自己成了20世纪最著名的探险家。

一个人只有对未来心怀希望，并且在每个清晨或者日暮不断默念，你的未来才不会被日复一日的平淡冲刷干净。这正如德国诗人席勒所说："一个人不应该背叛他少年时的梦想。"因为只有当我们相信梦想、相信未来，时刻用正能量的眼光来看待人生旅程，才能在未来看见更美好的风景。

在这个世界上，没有人能够阻止一个对未来心怀希望的人，同样谁也救不了对未来失望透顶的人。所以，只要你对未来充满希望，未来就一定不会让你失望。

第九章

生命就该浪费在美好的事物上

1. 人间一趟，总得留下点什么吧

一棵树终究会凋落，但是它仍会从春到夏，每分每秒努力吸收每一寸阳光的温暖。最后，树干的年轮上就有了时光的印记。人也是如此，最艰辛时刻的那些过往早就雕刻了灵魂，刻画在我们所经历的每一个年轮上。

人生是一幅卷轴，从呱呱坠地到耄耋之年，不过百年而已。你要怎样作画，才能不辜负每个春韶易逝的日子？有人画出华丽重彩的油画，每个时空布满了自己精心刻画的印记；有人画出一半泼墨、一半留白的山水画，有舍有得，虽然并不辉煌绚烂，却写意无穷；有的人画出的只是一幅儿童的涂鸦，涂涂抹抹，别人不知所谓，自己稀里糊涂。

人生不满百，你落笔的每分每秒决定了最后这幅画卷是传世精品，还是废纸一张。一万年太久，终究不是我们的日子，属于我们的大约只是朝夕之间。

人生中，留下印记最深的，往往不是春风得意、众星捧月的时候，而是最痛苦、最无助、最孤单、最落魄的日子。你需要伏案低头、奔波忙碌，每一天每一分钟都恨不得自己有诸多分身。而这段岁月，往往成为自己最眷恋的时光，因为每个踽踽独行的脚印，都是自己画卷上最深刻、最惊人的一笔。

鉴真是被载入史册的佛学大师。刚入空门时，住持让鉴真大师做了大家都不愿做的行脚僧。每天他都是寺里最勤奋的，做出的活儿从未让住持感到不满。但是，一年下来，他发现别人的活儿都很轻松，而自己的活儿却是寺里最苦最累的。

一天日上三竿，往日鉴真早就洒扫清洗了。但是现在却还在呼呼大睡。住持觉得奇怪，就推开了他的房门。床边是一大堆破破烂烂的芒鞋，床上的鉴真仍在打鼾。住持叫醒鉴真：“你不外出化缘，在床边堆这么多破芒鞋干什么?”鉴真打个哈欠抱怨说：“别人一年一双芒鞋都穿不破，我呢，刚剃度一年多，这么多鞋都穿破了。”住持听后微微笑道：“昨天夜里下了一场大雨，你随我走走吧。”

寺前是一段土路，因为雨后不久，路面泥泞不堪。住持对鉴真说：“我问你几个问题。”

“你愿意做一天和尚撞一天钟，还是想成为光大佛法的名僧?”“当然想做光大佛法的名僧。”鉴真立刻回答。

“昨天你走过这条路吗?”“当然。”

“那你能找到自己的脚印吗?”鉴真觉得住持在强人所难:“不下雨的话,这条路每天都是又干又硬的,怎么能找到自己的脚印?”

住持笑了:“现在走一趟这条路,你能找到吗?”“当然能,一眼就能看到。”

住持点头道:“要知道,泥泞的路才能留下脚印,世上众生莫不如此。你看,一个碌碌无为的人,从没经历过生活坎坷,就像脚踩在又平又硬的路上,最后什么也留不下来。”

鉴真恍然大悟,终于明白了住持的良苦用心。从此,他更加努力地做住持分下来的工作,日后更是潜心研究佛法,终成一代佛学大师。

每个云淡风轻的背后,都有一段苦苦的挣扎,每个绚烂人生,都有不为人知的付出。人生之路,有些东西必须经历过、挣扎过,才明白得到的美好、失去的大度。

从没争取过,何谈放弃的洒脱?不曾执着追求过,怎会珍惜到手的幸福?没有一步步走出来的生活,即使游遍世界,也只是虚看而已,生活仍旧不知所谓。

一个花了两块钱中了五百万的人,用不了多长时间就会成为一个新的穷光蛋。但是一位白手起家、拼搏多年的人亏损了五百万,如果不出意外,很快会成为一个千万富翁。走过艰辛方知生活之乐，经历了人生的荒凉才会珍惜繁花似锦的日子。

一个女孩子十几岁不漂亮，她可以说我的父母相貌不好，但是，如果她已经三十多岁，依旧不漂亮，那么就是自己的问题。她辜负了每一天可以改变自己的日子。

“每一个不曾起舞的日子，都是对生命的辜负。”尼采如是说。人生百年，只有现在的每分每秒每时每刻是真的，这个时刻的我们是真的，我们活着是真的。而一个人活着，不是可以吃饭睡觉，可以呼吸，心脏跳动就可以了。要知道，活着，是因为他在做，在行走，在经历。

人生天地间，忽如远行客，是不是应该想一下自己可以留下点什么呢？

2. 欢喜地、充满热情地度过自己的一生

每个人都有权利选择自己的生活。然而，生活是什么？生活可以是柴米油盐酱醋茶的琐碎，也可以是诗酒平生的惬意。吃白菜豆腐可以，吃红烧肉也是一顿。你爱的那个才是你的心情，你的态度，你的人生。

韩寒在《我所理解的生活》中，这样写道：“我所理解的生活就是做着自己喜欢的事情，养活自己，养活家人。生活不是攀爬高山，也不是深潜海沟，它只是在一张标配的床上睡出你的身形。”

理想的生活与财富多少、地位高低无关。在我们最喜欢的事情上藏着幸福的密码。生活之中，有的人喜欢奢华味，有的人喜欢田园风，没有谁高贵谁低下，关键是过日子的人是不是好这口，就像有句话说“千金难买心头好”。

摩西奶奶是美国大器晚成的代表人物。76 岁开始绘画；80 岁时在纽约举办个展，引起轰动。她的人生虽然开始很晚，但最终选择和喜欢的一切在一起。

她在百岁感言时说：“我的孩子们，投身于自己真正喜爱的事情时的专注与成就感，足以润色柴、米、油、盐、酱、醋、茶这些琐碎日常生活带来的厌倦与枯燥，足以让你在家庭生活中不过分依赖，保留独属于自己的一片小天地。寻觅到一个懂你爱你的伴侣，两个人组成的小小世界，便足以抵挡世间所有的坚硬，在面对生活的磨砺与残酷时，不觉得孤苦，不会崩溃。”

诚然，喜欢才是人生的原动力。不管是男人向女人表白，还是女人向男人表白，对象总是自己喜欢的；去买衣服，穿来穿去，最后选的大都是自己喜欢的；去饭馆点菜，点来点去，都尽量点自己喜欢吃的口味。没错，我们不管在行动上还是潜移默化的思想里，总是想着和自己喜欢的一切在一起。

然而，在现实生活中，不幸福的人太多，因为不喜欢的东西占据了他的空间。大凡不爱的，就会有诸多借口去驳斥，因为不喜欢才有了诸多的埋怨和逃避。

同样是八个小时的工作，有的人只是为谋生，八小时之外爱好占满整个世界，免于被生活的单调和不幸所禁锢。有的人却可以找一份自己喜欢的工作，时时刻刻都是欢喜的，不必为它的单调无趣而煎熬，不必每周数着手指过日子到了周末才能一晌贪欢。

同样是结婚，有的人可以跟不爱的人举办婚礼，拍婚纱照，但是，结婚了之后，才发现不爱一个人却要生活在一起，是实实在在的切肤之痛。不爱所以难以忍受，不爱所以会吹毛求疵，不爱所以会麻木不仁。套一句流行语：和不喜欢的人在一起，辣条都不想分他一半。最后，看到的人生百态皆是薄凉。原本可以等到更好的更喜欢的那个，为什么不呢？自己委屈了自己，又何必埋怨别人？而和自己相爱结婚的那个人，即使婚后有诸多的不适，也会在不适中寻找到欢喜。即使婚姻是坟墓，那么，在里面也能过得有滋有味，意兴盎然。

世界是一面大镜子，照出来都是自己的影子。一个人选择了什么样的世界，世界就会回馈他相应的东西。人生百态，只有选择喜欢与不喜欢的而已。

理想的生活不过是找一份喜欢的工作，找一个自己喜欢的人，在自己喜欢的房子里布满喜欢的物品。人生的大快乐和小圆满，大都是从这份欢喜、悸动和爱开始的。

如果这样的生活里真的有痛苦和艰辛，我们也会满怀欣喜、心甘情愿、以苦为乐。因为做自己喜欢的一切，所以无惧、无畏。

小孩子大都快乐，因为每个孩子都在寻找眼中最欢喜的事物，他惊喜于世界的多姿，所以，满心欢喜。即使一条毛毛虫、一块石头、一片树叶，都足以让他乐此不疲地沉浸其中。

很多人都怀念青春的美好。是因为青春的岁月，大多数人都可以选择自己喜欢的自己爱的，并且跟它们在一起。当心中充满了这些，看到的也是世界回馈的爱和欢喜。

大凡青春落幕，不是因为不再年轻，而是开始了妥协，开始委屈自己去做自己不喜欢的事情，去和自己不喜欢的人相处。但是，一个人可以委屈自己一时，可以委屈自己一世吗？生活中，短暂的艰辛和痛苦没有什么，但是，当我们的一辈子都是如此时，这是多么不幸。

有生之年，也许我们不能大富大贵，但是能与自己欢喜的一切在一起，在年老时能够眉飞色舞夸夸其谈一番，也不枉一生了。

3. 别一直匆匆忙忙慌慌张张地生活

生命如同一朵花，是缓缓绽放的过程。而这个过程是有节奏的，犹如四季春种夏长，秋收冬藏。我们不可能永远处于长夏状态，疲于奔命般地生长。灵魂和身体都需要休息，慢下来才能让生命更从容。春花，夏日，秋霜，冬雪，你若徐徐而行，清风不请自来。

当时间和金钱开始与成功挂钩，我们的生活就开始了争分夺秒的忙碌。生活中随处可见各种忙：吃饭忙，看报忙，出去游乐忙；嫌各种慢，网慢，车慢，快递慢，下属的报告慢，上司的意见慢。

太多的成功学和成功人士传递着这个信息：“你没有成功，因为你不够勤奋，你走得不够快，你没有及时抓住机会。”所以，很多人挥着小皮鞭，用各种理由赶着自己上路，似乎浪费一分钟，自己就丢了多少金钱，丢掉了多少成功的机会。

真的是这样吗？一头毛驴被蒙上眼睛拉磨，就算分分秒秒不停地走，也走不出院子，看不到风景。人也是如此，当我们恨不得把所有的事情都做好时，步子快得早就把灵魂就丢在了路上，成了蒙着眼睛的毛驴。这样去忙，自然身不由己，忙来忙去都是一场空。

看看中国汉字“忙”字是这样写的：左面是心，右面是亡。一个人忙得太厉害了，心就死了，心死了，再怎么忙活，也是白活。

关于生活，美国作家亨利·戴维·梭罗在《瓦尔登湖》这样写道：“我到林中去，因为我希望谨慎地生活，只面对生活的基本事实，看看我是否学得到生活要教育我的东西，免得到了临死的时候，才发现我根本就没有生活过。”

懂得放慢脚步，把握灵魂与身体前行的节奏，才是珍惜时间，珍惜生命。其实，人生就藏在你分分秒秒的生活里，它是你吃的早餐，只有慢慢咀嚼，才能感受到食物的香甜；它是你喝的下午茶，要慢慢泡，慢慢品，芳香才能随口入心。

看一朵花，早晨还是带露的骨朵，午间就迎风盛开。它是哪时哪刻开的呢？你永远也找不到。因为它的盛开是一个过程，从没有具体的时间。它懂得自己的节奏，所以才会绽放得如此自在。

网上有这样一段话：“慢活并不是将每件事牛步化，而是希望活在一个更美好的世界。它是一种平衡，该快则快、能慢则慢，尽量以音乐家所谓的 Tempo Giusto（正确的速度）来生活。它没有一成不变的公式和万用守则，只是让每个人都有权利选择自己的生活步调，如果我们愿意腾出空间容纳各种不同的速度，这个世界会变得更加丰富。”

那么，在具体生活中，要如何慢活呢？

慢爱：如果一个人的爱情就像快餐一样，早晚他会变得爱无能。认真爱，慢慢爱，认真经营小浪漫。在互动中，爱情才能细水长流。

慢写：当复制粘贴如此简单，网络横行天下时，人们就少了思考。不妨拿起笔，慢慢写字，写自己的见解、自己的心情。

慢读书：寻一本好书慢慢读。开始了就不要停下，哪怕每天只读一页，体味阅读带来的享受。

小憩和冥想：工作累了，那就稍微闭目，专注呼吸，放松紧绷的神经。忙碌了几天，可以选择一段时间来冥想，抛却压力。

慢食：中国人吃饭都会说“您慢用”，细嚼慢咽，不仅利于肠胃吸收，也满足了心口。

慢运动：可以选择瑜伽、普拉提、太极拳等缓慢运动的健身项目，可以让自己真正地感知身体，放松身心。

关手机：手机几乎是现代生活和工作的必备物品。如果我们不能抛弃手机，要在适当时候关机，将工作和休息时间区分开。

人生慢处见真实。在流逝的生命中，慢一点，才看得到它波光粼粼的璀璨。陌上花开，缓缓归矣，有些事，急不得。从前，车马很慢，书信很慢，一生只够爱一个人。如果我们能够回到曾经的慢时光，那该是一种多么美好、多么醉人的生命历程啊！

4. 好好活就是做有意义的事情

千万不要再做那些因小失大、得不偿失的事情了，因为时间和精力也是一种资源，我们拥有的并不多。我们所能做的就是——将自己人生中最美好的时光花费在最美好的事情上。

著名作家席慕容说："一生倒有半生，总是在清理一张桌子。"的确，人生短暂，而我们的人生却总是在各种各样的鸡毛蒜皮中荒废掉。

人是一种有欲望、有思想的高级动物，也正由于思想及欲望的影响，每个人的心中都充斥着各种令自己烦恼的琐事。于是，很多人总是把大量的时间、精力浪费在类似于擦桌子、生闷气、混吃混喝等与梦想无关紧要的杂事上，就这样使自己宝贵的生命在虚度中荒芜。而那些真正成功的人，总是在提醒自己：不要把时间浪费在毫无价值的事情上，而应该把精力花费在有价值、有意义的人生梦想上。

古时候有个叫爱地巴的人，每次和人争执、生气时，他都会以很快的速度跑回家去，绕着自己的房子和土地跑三圈，然后坐在地上喘气。

几十年光阴弹指而过，逐渐老迈的爱地巴变成了当地最富有的人。但与人争论、生气的时候，他还是老样子——绕着房子和土地跑三圈。

“为什么爱地巴生气的时候要绕着房子和土地跑三圈呢?”人们非常困惑。但是无论怎么问，爱地巴就是不开口。

这天他又生了气，他拄着拐杖艰难地绕着房子转，整整用了一天的时间，他刚走完三圈，就坐在地上喘粗气。

一直跟着他转圈的孙子恳求说：“爷爷！为了您的身体，您不能再像从前一样一生气就绕着房子跑了。还有，您能不能告诉我，您为什么一生气就绕着土地跑三圈?”

这一次，爱地巴说出了隐藏多年的秘密，他说：“年轻的时候，我一和人吵架、争论、生气，就绕着房子和土地跑三圈，一边跑一边想自己的房子这么小，土地这么少，哪有闲心和人生气呢？一想到这里，气就消了，接着努力工作。”

孙子又问：“爷爷，你现在是这里最富有的人，为什么还要绕着房子和土地跑呢？”

爱地巴说：“我现在还是会生气，生气时绕着房子和土地跑，一边跑一边想自己的房子这么大，土地这么多，何必跟一个穷人计较呢？一想到这里，气也就消了。”

人的生命是短暂的，精力也是有限的，在这短暂的一生中，我们应该把所有的精力都花费在更有价值的事情上，而不是因为这样或者那样的琐事忘了人生的方向。

喜欢看电影的朋友，想必都知道香港的邵氏兄弟电影公司。公司创始人邵逸夫是个大慈善家，从 1985 年起，邵老平均每年都会捐赠 1 亿多元，用于支持各项社会公益事业。2008 年四川大地震发生后，邵老当即慷慨解囊，向灾区捐款 1 亿港币（约合 9000 万人民币）。

但在经商方面，邵逸夫与别的香港老板一样对成本锱铢必较，甚至还为此留下“以小失大”的憾事。比如 1970 年，在美国发展的李小龙接受媒体采访时透露，如果剧本、片酬合适的话，他愿意回香港发展。消息传开，多家香港电影公司立即对李小龙发出邀请。但当他提出影片投资不得低于 60 万元以保证制作水准的前提条件时，不少小公司当即望而却步，可供考虑的其实只剩下邵氏和嘉禾，而李小龙原本对财势雄大的邵氏最有兴趣。然而，邵逸夫开出的条件并不优厚——不但每部片酬仅有2000美金，还要签长期合约，与邵氏旗下的那些明星艺员并无区别。李小龙掉头投奔了嘉禾，致使邵氏错失了香港电影史上最具票房号召力的“金鸡”。

尽管如此，邵逸夫并不后悔，因为他无愧于自己的一生，他把自己人生的精华都花费在了最美好的事情上，而且造福了千千万万的人。人生短暂，我们不要在乎琐事上的一时得失，而要时刻牢记自己人生的终极目的。这才是我们来世上走一遭的真正意义。

第十章

扛得住艰难，才配得上梦想

1. 那些哭过的日子，总有一天能笑着说出来

不要惧怕黑夜的孤单和寂寞，这一切都是对我们的磨炼。黑夜越是深邃，孤单越是煎熬，越能让我们拥有一颗强大的心，同时让我们拥有一个更有智慧的头脑。

在现实中，很多人遇到一点小波折，就抱怨人生艰难；遇到一次小失败，就感叹前途无望。每当深夜来临的时候，他们无法面对孤独和寂寞。无数个深夜，他们在网络游戏中麻醉自己，让自己虚度一个又一个日子。

跟有些人比起来，我们的人生其实没有那么糟，我们面对的困难其实也没有那么难。

其实，没有谁能随随便便成功，很多成就了非凡事业的人，都是从艰难中一步步走过来的。所以，当我们还是一个尚未成功者的时候，应该学会调整自己的心态，学会蛰伏。在这一点上，我们应该向蝉学习。蝉的一生几乎都

是在土地深处度过的，只有在生命最后的两三个月里，它才破土而出，爬上树干，经历生命中最美妙的一次蜕变，获得透明的羽翼，从而得以飞翔、鸣唱。

我们在追求梦想的道路上，也是一样的道理，饭要一口一口吃，路要一步一步走，只有先付出足够的血和泪，才能让梦想成为现实。

每一次深夜的痛哭，都是对我们心灵的洗礼。一个人只有经历血和泪的考验，才能踏上自己真正想要的旅程，才能遇到最美好的日子。

2. 每个笑容的背后，都曾是一个咬紧牙关的灵魂

人生一世，谁没有梦想？又有哪一个人的追梦之路不是布满荆棘？我们要做的不是抱怨，更不是逃避和放弃，而是拿出百分之百的努力，为我们的追梦之路激情出征。

你选择了什么路，就意味着拥有什么样的人生。但不得不承认，有些路好走一些，有些路难走一些。如果这条路是你梦寐以求的理想之路，这个时候，是应该轻松放弃

呢，还是咬着牙根坚持下来？

这是个问题。你可以中途放弃，命运会给你一个败得一塌糊涂的人生。但是，成功从来不会无缘无故地眷顾任何人，只有那些付出了艰辛努力的人，才能得到成功的青睐。所以，在羡慕别人的成功时，与其质问命运的不公，不如问一问自己到底付出了多少。

新东方创始人俞敏洪，正是因为在那些艰难的路上选择继续走下去，而不是放弃，所以才能够享有今天的成就和荣耀。

为了上大学，他参加了三次高考。在已经连续两次落榜之后，没有人对他的第三次高考报以希望，但是他成功了，而且考上的不是普通大学，而是北京大学。

不过，在北大，等待他的不是光鲜的生活，而是痛苦的深渊。他地方口音重，学习成绩差，永远都是角落里的小丑，没有一个人瞧得起他。唯一的安慰就是爬山，一个人在山顶看夕阳西下和那连绵的群山。

毕业后，他成为一名北大教师，从农村娃到北大教师，他觉得自己满足了，这一生也算无憾了。但是，因为私下办英语培训班，他被北大“狠狠”地踢了一脚，这一脚让他再也无颜留在北大。山穷水尽的他，只好开始了创业之路——继续办自己的培训班。

创业之路是艰难的，广告贴了不少，但就是没有学生来报名。那段时间，俞敏洪一天的大部分时间都拿去贴小广告，要去北大贴，则基本都是半夜去，因为他害怕见到昔日同学、同事踌躇满志的样子。

最终，俞敏洪突发奇想，用免费讲座吸引了第一批学生，总算迎来了事业的转机。

1993 年 11 月 16 日，在一间不足 10 平方米的房间门口，他挂起了“新东方学校”的招牌。不过，成功仍然遥远，这只是万里长征的第一步罢了。在后续的创业路上，等待他的是一个又一个的问题，比如名牌教师“甩课”、人才困境等等。

谁也不能否认，今天的俞敏洪是一个十足的成功人物。但同时我们也必须承认，他今天的这份成功来之不易。这一路走来，他走得很辛苦，甚至可以说是很艰难，但是他选择了坚持，正如他所言：“在绝望中寻找希望，人生终将辉煌。”

人生就是如此，有些路你走下去会很累，但是不走肯定会后悔。如果当年俞敏洪被北大“踢”出校门后，他不是选择艰难地创业，而是回到老家，日子可以不这么艰难，但是梦想呢？做人的尊严和价值呢？不用说，如果真是那样选择，今天等待他的只有后悔。

也许，并不是每一个梦想都能实现，但是每一个梦想都值得尊重和敬仰。同样，不是每一个人都能最终收获成功，但是每一个为梦想执着坚持的人都是人生的赢家，都有资格获得命运给予的最热烈的掌声。

3. 看得见的苍老，看不见的童真

当代哲学家周国平曾说："忘掉你曾经拥有的一切，忘掉你所遭受的损失，就当你是赤裸裸地刚来到这个世界，你对自己说：让我从头开始吧！"无论岁月如何变迁，如何让你的容颜老去，都应该抱着一颗初始的心，像第一次让梦想出发那样，年轻而勇敢。

青春易逝、容颜易老，这都是我们无法逆转的自然规律，但我们完全可以保持一颗年轻而勇敢的心，走在为梦想执着的道路上。只要心不放弃，就有抵达梦想的机会。

著名体操运动员桑兰，被称为中国"跳马王"。在一次赛前训练上，偶然一个没有做完的手翻转体动作，结束了她的体操生涯。伤势异常严重：颈椎骨折，双手和胸以下失去知觉。如此重大的打击，几乎可以粉碎一个女孩的梦想和未来。但是她苏醒过来以后，就没有流过一滴眼泪。从重新面对公众目光的那一刻起，她的脸上就永远浮现着灿烂的微笑。她用微笑和勇敢，征服了自己，征服了世界。

青春不是年龄，而是心态。追逐梦想靠的不是高大威猛的身躯，而是一颗年轻勇敢的心。一个人，无论是正当年少还是人到中年，都有权利去追逐心中的梦想。

其实，大部分人所遭遇的人生苦难并没有想象中那么糟糕，只是由于内心脆弱、悲观，才放大了苦难的程度，有时候，只要稍微转变一下心态，你便会发现，人生路其实没有那么艰难，梦想也根本没有那么遥远。

下面这个故事里的主人公，正是靠着一颗不放弃的心最终实现了人生梦想。

他，只上过几年学。辍学回家后，便帮父亲种地。18岁那一年，父亲突然去世，家里的重担全压在他一个人身上，要照顾身体不佳的母亲，还有照顾瘫痪在床的祖母。

他想尽一切办法赚钱。听说养鸡可以赚钱，他养起了鸡，但是不幸，在一场大雨后，鸡染上瘟疫都死光了。母亲因受不了这个打击忧劳成疾而去世。

后来，他酿过酒，捕过鱼，但都没有赚到钱。36 岁的时候，就算是离过婚的女人都不肯嫁给他，因为他只有一间小土房，随时可能在一场大雨后倒塌。之后，他借钱买了一辆拖拉机，但开车上路不到半个月，就出了事故，因此成了一个瘸子。

这个时候，所有人都以为他这辈子就完了，再也没有扭转命运的希望了。可是，多年以后的他，成了一家公司的老总，资产过亿元。

有记者问他："在那些最艰难的岁月里，你是如何做到不放弃的？"他拿起一只玻璃杯握在手里，反问记者："如果我松手，这只杯子会怎么样？"

记者说："那当然会碎掉啊！"

他手一松，杯子掉在地上发出清脆的声音，但仍然完好无损。他说："几乎所有人都认为这只杯子掉在地上会碎，但是这不是普通的玻璃杯，而是玻璃钢制作的。"

的确，如果把人的心比作一个杯子，有些人的心就像是一只普通的玻璃杯，轻轻一摔便碎了。但是也有一些人的心，堪比那玻璃钢制作的特殊玻璃杯，即使遭遇猛烈的撞击也依然能保持完好无损。

故事里的这位主人公，他的心显然拥有玻璃钢一般的强大和坚韧，所以在漫长的岁月里，虽然遭遇了一次又一次的挫折和失败，但仍然能够做到不放弃，仍然能够继续为梦想执着。这是心的力量，这是越挫越勇的传奇。这就告诉我们，岁月可以蹉跎我们的容颜，但我们仍然可以选择保持一颗年轻而勇敢的心。

英国诗人弥尔顿说：“心，乃是你活动的天地，你可以将地狱变成天国，也可以将天国变成地狱。”可见，心的力量是神奇的，无论到任何时候，我们都应该保持一颗年轻而勇敢的心。心若在，梦便在。而人生，终将因为对梦想的坚持而绽放最美的风景。

我曾听过这样一句话：“人老心不老，老亦不老，心老人不老，不老也老。”那么，面对仅有一次的人生，你愿意做前者还是后者呢？

4. 当你为错过太阳而流泪时，你也将错过群星

生命无法逆转，时光无法倒流。我们不应该因为过去的糟糕而错失现在的美好，而应该珍惜现在，使自己的人生开出绚丽的快乐之花。

法国著名作家大仲马说：“人生是一串由无数小烦恼

组成的念珠，乐观的人是笑着数完这串念珠的。”这位参透人生真谛的大文豪用自己的经历及感悟告诉我们，烦恼是客观存在的，任何人都无法避免，关键就看你是笑着迎接烦恼，还是哭着抱怨过去。

在我们的日常生活中，有好事，也有不好的事情。但很多人却总喜欢沉浸在过去的糟糕或不幸中。如果一个人总是为曾经的糟糕经历耿耿于怀，或者总是被悲伤情绪所包围，那么他就无法享受现在生活的美好。所以，我们要像西方一句谚语中所说：“不要为打翻的牛奶哭泣。”就算你曾经失去了某些宝贵的东西，就算你经历过糟糕的过去，但不代表你会遇见糟糕的一生。反之，如果一个人总是为过去悲哀，为曾经遗憾，将会错过现在的美好，并在悲戚中度过失败的人生。

有一个青年，在 23 岁时被人陷害，为此在牢狱中浪费了 9 年的光阴。9 年后，冤案告破，他终于洗刷冤屈，顺利出狱。

出狱之后，这个年轻人开始了几十年如一日的咒骂、抱怨、控诉：“我真是太不幸了，年纪轻轻就遭受冤案，在监狱中度过了本应最美好的 9 年。监狱中的房间阴暗狭小，根本见不到阳光，冬天寒冷难耐，夏天蚊虫叮咬，简直不是人待的地方。上帝为什么不惩罚那个陷害我的家伙？

即使对他千刀万剐，也无法消除我的心头之恨。”就这样，这个年轻人每天都在痛苦的回忆中度过，也不做事，日子过得穷困不堪。

73 岁时，他终于卧床不起。弥留之际，牧师来到他的床前，说道：“可怜的孩子，在去天堂之前，请忏悔你在人世间的所有罪恶吧！”

躺在病床上的他，并没有丝毫忏悔之意，而是愤愤地说：“我并没有什么需要忏悔的，我需要诅咒，诅咒那些将痛苦、不幸带给我的人。”

牧师问道：“你因冤案在牢狱中待了多长时间？”

此人愤恨地回答：“9 年。”

牧师长叹一口气说道：“你真是世界上最不幸的人，我对你的不幸同情万分。他人只不过对你囚禁 9 年而已，而在出狱之后，你却用怨恨、诅咒又囚禁了自己 41 年。”

当人生遇到糟糕挫折的经历时，不同的人会采取不同的应对措施。比如，有的人将痛苦变为抱怨、愤怒，最终对生活失去信心；而另一种人则是努力克服困难，走出伤感的阴影，积极应对美好的明天。这正如别林斯基所说：“不幸是一所最好的大学。”一个人遇到糟糕或不幸，不仅能够磨炼意志，使他越挫越勇，而且还能够获得足够多的人生经验。可以说，意大利小提琴家帕格尼尼就是以乐观心态来应对挫折与痛苦的人生典范。

帕格尼尼的一生可谓糟糕透顶。他 4 岁时一场麻疹差点要了他的小命，7 岁时险些死于猩红热症；13 岁时又患了严重的肺炎，几乎令他见了上帝；46 岁时牙床上长满脓疮，不得不拔掉所有的牙齿；牙病初愈，又患上严重的眼疾，几乎失明，年幼的儿子成了他的“拐杖”；50 岁后，肠炎、关节炎、喉癌等各种病症一起袭来。

在这糟糕而多难的一生中，苦难并没有磨灭帕格尼尼出色的艺术才华。他在 8 岁时，创作了自己的第一首小提琴奏鸣曲；9 岁时，进入市歌舞院的管弦乐团；11 岁时，登台表演了自己创作的《变奏曲》。为此，著名音乐评论家柏辽兹称帕格尼尼为“操琴弓的魔术师”，歌德评论帕格尼尼是“在琴弦上展现了火一样的灵魂”；就连拿破仑的两个妹妹，也都被帕格尼尼的小提琴演奏迷住了。

生命中曾经不美好的经历，对于有的人来说可能是痛苦，但对于另一些人来说，则是财富。没有人会倒霉一辈子，糟糕与不幸也只是暂时的。过去的不幸经历，并不是让你消极对待生命的理由，而是让你懂得如何面对困境的人生大学。

智者无为，愚人自缚。人生中存在的一切烦恼，归根结底都因为我们不懂得放下。很多人总是喜欢背着沉重的包袱行走，并以过去的痛苦来自我折磨，因此他们总是活得越来越累，行走得越来越辛苦。

在漫长的人生之旅中，每个人都难免会经历痛苦，留下遗憾。当你沉浸在当初的痛苦之中时，就会停下前进的脚步，使自己离幸福越来越远。正如泰戈尔所说："当你为错过太阳而流泪时，你也将错过群星。"

第十一章

不敢打破规则，你凭什么过上想要的生活

1. 你要做那个拯救自己的人

从蹒跚学步起，父母的手就开始护佑着你。跌倒了，扶你起来；委屈了，帮你拭去眼角的泪水；失败了，温暖地将你揽入怀中……正因如此，很多人自始至终都没有长大，以一种孩子的心态处世。这是一种依赖心理，总是让我们不敢正视现实。

等我们长大踏入社会，才发现世界上并没有那么多的庇护。处处充满危险，一不小心就可能被困难打倒。莎士比亚说："假使我们将自己比作泥土，那就真要成为别人践踏的东西了。"其实，打倒你的不是别人，正是你自己。同时，将你从万劫不复中拯救出来的人，也是你自己。

人生不如意之事十之八九，从某种意义上来说，一个人幸福与否、成功与否，完全来自对自我的改变与超越。而大多数人却不这么认为，他们期待获得来自他人的帮助，将太多的希望寄予环境的改变和命运的垂青，总是在等待与焦虑中变得慵懒、消极。实际上，改变命运的力量，就存于你的内心。你是谁，只因为你想成为谁。

查理是个笨小孩，对于这一点，大家坚信不疑，因为每次考试查理都不及格。开家长会时，老师都会向家长们通报孩子的学习情况，而轮到查理时，汇报往往就结束了，因为查理又考了倒数第一。

看到爸爸每次在家长会上受到众人的白眼，查理的心里十分难过。不过，爸爸并没有责怪他，而是告诉他："不要跟别人比，你只跟自己比就行。"有一次查理考了45分，爸爸把他搂到怀里亲了又亲，因为他上次考了30分，相比之下显然进步了。

查理觉得，能够进步的自己就是最好的自己，所以他再也不去羡慕别人的成绩，而是默默地努力。后来，查理发现自己写作还不错，于是每天坚持写文章。一段时间之后，查理的写作才能受到众人肯定，作品开始发表在刊物上，甚至获得不少文学大奖。

很多时候，人会妄自菲薄，自己看不起自己，输给了自己的执念。为什么你一定要跟别人比呢？正所谓"山外有山，人外有人"，大海纵然辽阔，尽头还有一片宽广的天际。

当一个人遭受挫折时，不要沉溺在痛苦、悲伤中，也不要苦苦哀求或者等待他人来帮你，而应该学会自己拉自己一把，并最终靠自己的力量来拯救自己。

美国总统林肯说：“人下决心想要愉快到什么程度，他大体也就愉快到什么程度。你能够决定你头脑中在想些什么，你就能控制你的思想。”在这个世界上，唯一能够搭救你的人，就是你自己。我们面对人生时，又何尝不是如此？经历失败挫折后，让自己放弃的不是别人，而是自己。因为害怕更大的失败，害怕受到更大的打击，所以不敢直面现实，而是把自己严严实实装进“套子”里。殊不知，这样做只能让自己看起来更加弱小，更加不堪一击。

人生在世，别人眼中的自己是什么样并不重要，重要的是你如何看待自己；别人如何对待你都没关系，关键是你千万不能输给自己；至亲之人可以在危难时拉你一把，但最终能让你重新站立的那个人，还是你自己。

2. 为什么你总觉得别人过得比你好

与其羡慕他人的拥有，不如充分发挥自我优势，做最好的自己。所谓“虾有虾路，蟹有蟹路”，每个人都有自己的路可走，一味羡慕和模仿别人，你会连自己都失去。

当我们看镜中的自己时，总是有这样或那样的不满，怪上帝为什么没有给自己一副奥黛丽·赫本的美丽容颜。如果自己能够长得那么美，肯定也能成为大明星，不用再苦巴巴地奔波于永远也做不完的工作之中；当低下头看自己的钱袋时，又会想为什么自己不能有个李嘉诚那样的老爹，一出生便含着金汤匙，即使一辈子坐着不动，也有花不完的钱……人就是在不断羡慕别人的过程中，使自己变得越来越不自信，越来越不快乐。

羡慕之下，难免有比较。在比较中产生差距，心理就产生落差。从这一点出发，似乎一个人所有的快乐都源于“比他人好”，而所有的不快乐都源于“比他人差”。

有一个女人总是羡慕邻居比自己过得幸福，因为邻居夫妻从不争吵，日子过得有声有色。而且，邻家女儿嫁给一个富豪，过上了锦衣玉食的生活，儿子学业有成，在当地一家知名企业就职。

而自己呢？丈夫整日酗酒，儿子顽劣不堪，很早便辍学在家，一天到晚只知道惹是生非。女人越想越气，最后由羡慕变成了嫉妒，又由嫉妒生出了仇恨。为此，邻居越是高兴，她越是不高兴；邻居的生活过得越好，她越是不痛快。她每天都盼着邻居家倒霉，或邻居家死人……然而，她越是这样想，自己越郁闷。久而久之，她日渐消瘦，生病去世了。

故事中的女人，由于羡慕邻居比自己过得幸福，从而使羡慕变成无名的仇恨，把自己置于一种心灵的炼狱之中，就这样白白耗尽了自己的一生。人生的价值何在，意义何在?

与其在自我折磨中羡慕别人，倒不如把羡慕别人的时间和精力，花在让自己变得更加强大之上。这样一来，你就会拥有属于自己的风光，令众人对你投来羡慕的目光。

羡慕别人的风光，而让自己的人生陷入荒唐。世间最愚蠢的行为莫过于此。因为羡慕，自己的内心烦乱不堪，不敢直视真实的自己，看不到自己身上的优势。就这样，在攀比、羡慕中自己的能量一天天消耗，侵蚀对未来的希望，最终输掉了梦想和鲜活的人生。

从今天开始，让我们不再羡慕别人的风光，而是靠自己的本事闯出一片辉煌。正如有句话说，假如你不能成为大道，那就当一条小路；假如你不能成为太阳，那就当一颗星星。重要的是，活出真正的自我，并成为最好的自己。

3. 看淡身外之物，跟自己的内心和解

人生短暂，过分较真，过分执着于外在，过分跟自己过不去，都是用他人的所谓成功标准来强迫自己，实际上，

这是对自己精神上的迫害。人人都应该追随自己的内心，去过自己喜欢的生活。

人生像是一场梦，充满了对明天的美好向往；人生又像是一场探险，需要蹚过一条条河，爬过一座座山。人生就是这样，有坦途也有坎坷，有欢乐也有悲伤，变幻莫测，让走在路上的我们捉摸不透。所以，面对人生路上遭遇的一切，我们要拿出一颗豁达的心，该过去的就让它过去，该放下的就放下，别跟自己过不去。唯有如此，我们才能尽享短暂的人生，而不是被痛苦所束缚。

放过自己，不跟自己过不去，最好的秘诀就是两个字——放下。放下，是一种人生必备的大智慧。关于放下，佛教有这样一个故事：

相传，有一个婆罗门双手各拿一枝花到释迦牟尼佛前敬献，没想到佛陀竟大声对婆罗门呵斥："放下！"婆罗门无奈，只好听从，将左手拿的花放下了。但是，佛陀紧接着又呵斥一句："放下！"于是，婆罗门只好将右手拿的花也放下了。然而，出乎婆罗门意料的是，佛陀继续说了一句："放下！"

听到这里，婆罗门开始感到无所适从，因为他手里的花都已经丢弃了啊。于是，他向释迦牟尼佛提出自己的疑问："我已两手空空，没什么东西可放下了，为何还要我放下？"

佛陀听了他的话解释说：“我的本意并不是让你放下手中的花，而是让你放下六根、六尘和六识。只有当你将这些都放下时，才能从生死轮回中解脱出来。”

这个故事告诉我们，所谓“放下”，不是放下手上的东西，而是放下心中的负赘。人生在世，很多人的心已经被各种欲望、贪念搞得超负荷了。带着这样一颗沉重的心上路，怎么能不处处跟自己纠结，又怎么能发现这一路的美好风景呢？

“放下包袱，轻装上阵。”人生有所追求、有所期待是一件好事，但一定要让自己轻装上阵，否则不但痛苦，还可能会毁掉自己的梦。

道理人人都明白，但遗憾的是，当人们走进世俗生活，就把这些道理抛之脑后，继续“我行我素”了。就像下面这个故事里的猴子：

东南亚有一种捕捉猴子的方法：找一只木箱，然后将一些美味的水果放在里面，箱子上开一个小洞，这个洞的大小刚好够猴子的手伸进去，但当猴子抓住水果后，手就抽不出来了，要想让手出来，必须把手中的水果放下。

面对这样一个箱子，面对里面诱人的水果，大多数的猴子都没有选择放下水果离开，而是紧紧攥着一个自己得不到的东西。最后，当猎人来的时候，看见猴子仍在徒劳无功地跟自己较劲，于是毫不费力地就把猴子捉住了。

我们有时候也像是这故事里的猴子，对于得不到的东西，不是放手离去，而是执迷不悟，跟自己过不去。

人们一贯的想法是，得到越多越富有。但是，因《瓦尔登湖》一书而享誉世界的美国著名作家梭罗却说："人越是有许多事能够放得下时，他就越富有。"他这里说的是，你放下的物质越多，你的精神世界就越富有。

看淡身外之物，跟自己的内心和解，是一种智慧，更是一种幸福。人没必要跟自己过不去，放下一切，活出洒脱的自己才是最美的人生。

4. 耐得住寂寞，才能守得住繁华

每一个优秀的人，都必须经历一段沉默的时光。除非你想一辈子做个平庸的人，过平庸的生活，否则，就要忍受这样或者那样的淬炼，就要尝遍各种辛苦，受尽所有劳累。直到有一天，终于看到梦想绽放，这是最公平的奖赏。

我们总是盯着别人头上的光环，而忽视他们脚下曾经踩踏过的泥泞。其实，成功不是一蹴而就的，每一个优秀的人，都有一段沉默的时光。正所谓"耐得住寂寞，才能守得住繁华”，那些苦苦追寻成功而不得的人，不是他们找不到，而是他们做不到，因为他们害怕磨难和挫折，对沉默时的孤独和寂寞避之不及。

在人的一生中，鲜花和掌声只是极少数，大部分时候都是沉默和暗淡的光景。而一个人能否成功，就看这段时光如何度过。对一些人来说，此时正是磨炼意志、净化灵魂的最佳时机，蛰伏为起飞蓄积能量，即古人所谓的“韬光养晦”。

利用沉默暗淡时光努力修炼自我的人，最终会成为优秀的成功者，而那些害怕沉默冷落时光的人，则大多沦为了怀才不遇的抱怨者。我们要做哪一种人，答案不言自明。

法国作家罗曼·罗兰曾说：“物质生活的窘迫毫无改观。他（贝多芬）贫病交加，孤立无援——但他却是个战胜者——人类平庸的战胜者，他自己命运的战胜者，他的痛苦的战胜者。”优秀的人之所以优秀，并不取决于他成功的刹那，而是那段或长或短的沉默时光。成功更容易光顾磨难和艰辛，在面对苦难、挫折时如何度过，这才是最终让一个人成其伟大的全部内涵。

然而，现在有很多人却不这样认为，他们总想着成功可以走捷径。就拿工作来说，当一个新成立的小公司给他机会时，他却嫌弃工资低、工作量大，困难重重，前途堪忧。他实在不愿意把自己的大好青春花费在与小公司共同成长之上，只想着有朝一日小公司发展壮大时，自己再去分得一杯羹。然而，当这样的机会真的幸运地眷顾于他时，他又觉得大公司人多、事多、责任大，同事不好相处，各种钩心斗角，让他无法接受。

其实，说来说去，他不是不知道自己想要什么，而是害怕吃苦、受累，不想忍受那些成功之前的淬炼，不想经历黎明来临之前的黑暗。然而，世界上哪有这等好事？不用吃苦，便可以凭借一次又一次的侥幸和运气，就能出人头地？

在这个世界上，轻轻松松就能获得成功的人几乎是没有的。我们需要明白——每一个优秀的人，都会有一段沉默的时光。当我们不够优秀时，不抱怨、不责难，而是不断地努力。一个人只有抵得住黑夜的孤独，才能绽放出最美的花朵。

5. 世界从来不会亏待认真生活的人

无论何时，我们都不应该认为认真可有可无。只有认真做好小事，才有可能在大事上取得突破。只有对自己的人生足够认真，才能创造出令人震惊的奇迹，甚至让整个世界瞩目。

“认真”本是一个充满正能量的词儿，但现代很多人有一个认真的人就是“认死理”“脑筋不灵活”的感觉。所以，网络上有人高深莫测地说：“认真，你就输了！”当你想把工作精益求精一点时，就会有同事不耐烦地说：“这么认真干吗？公司又不是你的！”

很多人开始游戏人生，不把认真放在眼里。似乎谁一旦与“认真”沾上边，就会被嘲笑。显然，在这些人眼中，认真就是偏执、不懂变通、没有悟性。

果真如此吗？

医大毕业后，琳琳被分配到一家非常有名的公立医院工作。有一次，琳琳参与了一个重要的心脏移植手术，主刀大夫是国内顶尖心内科专家。

手术结束后，医生让琳琳缝合伤口。琳琳提醒主刀专家说：“您取出了 11 块纱布，但是我们用的是 12 块。”

一时间，手术室里的空气凝结了，所有人都不敢出声。主刀专家不耐烦地说：“我已经取出了所有的纱布，缝合吧！”

琳琳再次阻止道：“不行！”为此，她又认真地清点了盘中的纱布：“只有 11 块，应该还有 1 块在病人体内。”专家有些生气，严厉地说：“出了问题我负责，快缝合。”

琳琳并没有被吓住，争辩说：“手术稍有差池，都会危及病人的生命。生命只有一次，谁能担得起这个责任?”为了责任，即使被领导批评，甚至丢掉工作，琳琳也不在乎了。她已经在内心做好了承受这一切的心理准备。

突然，主刀专家竟然转怒为笑，只见他伸出自己的手，手中藏着一块纱布，那正是第 12 块纱布。他之所以这样做，是为了寻找一位合适的助手。显然，琳琳正是他要找的人。

认真不仅是一种工作方法，更是一种处事态度。认真的人，做事认真、思考认真、总结认真，他们的人生中无不充满认真的味道。正是这种凡事认真的态度，让他们成长更快，更容易获得成功。

季羡林先生在回忆录《留德十年》里曾讲过这样一个故事：

1944 年冬的德国，法西斯希特勒的末日到了，德国民众的生活也濒临崩溃。

第二次世界大战让德国生活物资严重匮乏，尤其是燃料不足。然而，北欧寒冷的冬天，如果没有足够的燃料取暖，人们是很难生存下去的。

为了解决燃料问题，林业人员每天都深入深山，逐一寻找。当找到那些劣质树木时，就在树上做上记号，告诉民众，只能用它们来生火。虽然在这样的困境之下，但德国人仍然坚持着精细认真的准则，一方面确保燃料供应，另一方面避免了民众大肆盗砍山林的情况。

德国人的自律，源于他们的认真。这种在危难关头依然能够保持认真的态度，让世人感到震撼。因为“认真”这两个字，德意志民族在经历了20世纪初中叶两次毁灭性的世界大战之后，仍能够奇迹般地迅速崛起。所以说，认真是一种可怕的力量，更是一种良好的习惯，我们应该让它深入骨髓，而且融入血液之中。

大到一个国家和民族，小到具体的个人，都需要用认真来支撑。

6. 我身边厉害的人，很难被别人影响到

我们无法改变别人，却能改变自己；我们无法改变天气，却能改变自己看天气的心情。无论是阳光灿烂还是阴雨连绵，我们都能看见内心的晴空。一个人最大的缺陷不是能力不足或资历尚浅，而是对自我情绪的失控。人一旦被情绪左右，就会变得喜怒无常，做出的决定也往往偏颇。

琳达30多岁，是一个部门的经理，她工作经验丰富、做事果断，深受公司的器重。不过，让她头疼的是，自己总是无法克制地向别人发脾气。虽然事后总会后悔，但又

控制不了自己的恶劣情绪。

她所在的销售部门，员工流动十分频繁，但不管新来的员工是谁，她都会不定期对他们进行训斥、谩骂。其目的是想让自己看起来更强硬些，使大家对她心服口服。不过，她越是这样，下属们对她越不满，甚至她的存在成了加剧员工流动的重要因素之一，因为大家都不愿意与她这个动不动就发脾气的人相处。尽管公司对琳达很包容，但对于她这种随意发脾气的做法也颇有“微词”。

为使自己看起来更有实力，琳达总是没日没夜地加班，努力工作。可是，事情并没有向她想象的方向发展，尽管她工作很卖力，但仍然得不到下属的理解及支持。

琳达变得越来越没有自信，情绪也非常失落。最后，琳达因无法掌控自己的情绪，而变得悲观抑郁，只好辞掉原本不错的工作，在家中休养。

其实，琳达的工作能力有目共睹，只是她不善于掌控自我情绪，经常对周围的人乱发脾气，这让她在工作和生活中都显得十分孤立，最后不得不辞职。由此可见，如果一个人无法管理自己的情绪，不但会得罪他人，更会伤害自己。相反，一个善于控制情绪的人，往往更能掌控住人生的主动权。

有一个崭露头角的政党新人，他打算竞选某政党的领袖。为此，有人为他推荐了一位资深的政界要人，希望他能够从这位政界要人身上学到成功的经验，尤其是如何获得选票。

不过，这位政界要人在教年轻人之前，给他提出一个条件。在两个人谈话期间，如果他打断对方的话，就得付5美元。年轻人觉得这并不是什么难题，便欣然答应了。

于是，政界要人开始给年轻人传授第一条经验。他说：“对你听到的有关自己的诋毁或污蔑，一定不要感到愤怒。随时都要注意这一点。”年轻人认为，这也没什么，自己很容易就能做到。

政界要人点点头，并没有对年轻人的反应做出评价，只是顺口说：“坦白地说，我是不愿意你这样一个不道德的流氓当选的……”年轻人立即反驳说：“先生，你怎么能这样诋毁我呢……”

政界要人笑笑说：“请付5美元。”

年轻人恍然大悟：“哦！啊！这只是一个考验，对不对？”

政界要人轻蔑地说：“嗯，是的，这是一个考验。不过，实际上也是我的看法……”

年轻人也来了脾气：“你怎么能这么说……”

政界要人见机说：“请付5美元。”

最终，这个年轻人为学到这条经验付出了昂贵的学费。然后，政界要人说：“现在，就不是5美元的问题了。你要记住，你每发一次火或者对自己所受的侮辱而生气时，至少会因此而失去一张选票。对你来说，选票可比钞票值钱得多。”

上完这堂课，年轻人便投入到了激烈的竞选中，最终他因为不卑不亢、冷静处事的风格当选为政党领袖。

所谓成功的人，就是心理障碍突破最多的人。成功者控制自己的情绪，失败者被自己的情绪所控制。一个人对自我情绪收放自如，就等于拥有人生攻防的有力武器。就像故事中的那位年轻人，因为具备掌控自我情绪的能力，所以才在大选中获胜。

然而，情绪是人性的产物，只要是人，都无法彻底根除情绪的影响。所以，每个人都有自己的情绪，我们时刻处于情绪的波动之中，就像流水一样，从不安宁。但是，人生短暂，我们不能被情绪牵着鼻子走，否则我们一生都将碌碌无为。如果想在这个世界上做点什么，我们就要设法让内心的情绪安定下来，变得像个宁静的湖面，就像繁星映照在汪洋之上，如镜子一样安详。这是一种禅样的淡定。

人生是由顺境和逆境交织而成的，情绪总是处于悲伤与欣悦之间，正如佛学大师李叔同语：“悲欣交集。”在这样一个复杂多变的时代，情绪不能放任自流，否则我们就会淹没于众人和尘埃之间。为了更好地认识自己，追寻真正的梦想，我们只有学会掌控自己的情绪，才能淡定自如地活出精彩的一生。